Mercedes-Benz R/C 107

Halwart Schrader

Motor
buch
Verlag

Einbandgestaltung: Frank Zähringer

Bildnachweis und Dank: Archiv Peter Kurze, Heribert Hofer, Wolfgang Diem, Kurt Richter, Reinhard Veit, Archiv Storz, Alexander Franc Storz, Archiv Halwart Schrader, Daimler AG.
Die Autoren danken dem Archiv des Mercedes-Benz R/C 107 SL Clubs sowie Herrn René Streit, Dresden, für die Überlassung historischen Materials für dieses Buch.

ISBN 978-3-613-03437-2

2. Auflage 2024

Sie finden uns im Internet unter www.motorbuch.de

Lektorat: Joachim Kuch, Martin Gollnick
Innengestaltung: Dipl.-Ing. Druckereitechnik Rainer Behr, Stuttgart
Satz: Dipl.-Ing. Druckereitechnik Rainer Behr, Stuttgart
Druck und Bindung: Print Consult GmbH, München
Printed in Slovakia

INHALT

Vorwort

Mein erstes intensives Erlebnis mit und in einem Wagen der Baureihe 107 datiert vom März 1973. Ich hatte das Vergnügen, Franco Sbarro – damals noch kein weltberühmter Designer und Autobauer – von seinem noch sehr bescheidenen Domizil in Grandson am Neuenburger See nach Genf zu begleiten, wo er auf dem Automobilsalon erstmals mit dem Prototyp seines 328 Replica vertreten war. Die Fahrt zum Grand Palais in der Genfer Innenstadt fand in seinem 450 SLC statt.
Was mich, soweit ich mich erinnere, am meisten beeindruckte, war der »Biss« des V8-Motors, der von Sbarro vermutlich noch ein wenig optimiert worden war. Der Mann, der vorher als Chefmechaniker bei der Scuderia Filipinetti gearbeitet hatte, verstand ein wenig von diesen Dingen. Aber ich war ja nur sein Beifahrer, und was ich außerdem von dem Fahrzeug in guter Erinnerung habe, ist seine exzellente Ausstattung, die individuell regulierbare Klimaanlage, der elektromechanische »Zubringer« für den Sicherheitsgurt. Selbst als Sbarro sich seine Lieblingsautos selber zu bauen begann, blieb er dem SLC noch lange treu.
Dass der 107 in all seinen Versionen zu einem Liebhaber- und Sammlerwagen avancieren würde, stand schon damals fest. Ich bekam dies nur wenig später durch den häufigen Besuch zweier Kunden unserer in München frisch eröffneten Buchhandlung für Autoliteratur mit: Immer wieder fragten sie nach einem Buch zum Thema der von ihnen mit so viel mit Leidenschaft gehegten und gepflegten 350 SL, und so etwas war (noch) nicht auf dem Markt. Wenn die beiden ihre Wagen vor dem Geschäft parkten – 1977 war das möglich, ohne dass man mit einem Fuß schon im Gefängnis stand –, blieb mancher Fußgänger stehen und freute sich. Nicht zuletzt auf die Anregung dieser beiden Enthusiasten hin, deren Namen ich längst vergessen habe, entstand dann eine Reihe von Mercedes-Benz-Modellchroniken, die mein Kollege Heribert Hofner und ich schrieben und die erfreulicher- wie vorhersehbarerweise auch hohe Auflagen erlebten. Das ist fast drei Jahrzehnte her, doch Mercedes-Nostalgiker werden sich an die farbenfroh aufgemachte Serie vielleicht erinnern.
Fast erübrigt es sich zu erwähnen, dass auch der Amerikaner John Olsson (Herausgeber des SL Newsletter) zu jenen Protagonisten des R/C 107 gehörte, dem zu begegnen sich fast zwangsläufig ergab. Zur Gemeinschaft der damaligen Mercedes-Fangemeinde, die mich zu ihm führte, zählten Lee Gohlike, Robert Nitzke und Tomas Warth. Insider werden schmunzeln.
Alexander Franc Storz hat zu dieser korrigierten und erweiterten Neuauflage freundlicherweise zwei Kapitel beigesteuert, ohne die eine auch noch so kurz gefasste SL-Chronik unvollständig wäre: der SL und das Tuning und der SL und seine Modelle – zwei hochinteressante Aspekte, die dem seriösen SL ein wenig von jener Leichtigkeit verleihen, um die sich die schwäbischnüchternen Werber vielleicht vergeblich bemühten. Viel Vergnügen bei der Lektüre!

Ihr
Halwart Schrader

S-EA 1497

Auftritt einer neuen SL-Generation

Als am 17. April 1971 der erste Vertreter der neuen Baureihe R 107 in Gestalt des 350 SL vorgestellt wurde, ließen sich seine wichtigsten Parameter auf den ersten Blick erkennen. Der neue sportliche Zweitürer aus dem Hause Daimler-Benz zeigte eine unleugbare Verwandtschaft zu seinem Vorgänger, der »Pagode«, gab sich gleichwohl athletischer und in seinen Proportionen noch kompakter, und er war auf noch mehr Komfort ausgelegt. Obwohl um sechs Zentimeter länger als der 230/250/280 SL, wirkte er durch etwas mehr Breite und eine geringere Höhe gedrungener, wozu auch die Betonung der Waagerechten in der Wagenfront und von hinten die ebenso vertikal betonten Rückleuchten beitrugen. Ein zusätzlicher Kühllufteinlass unterhalb der Stoßstange fiel kaum auf; er war durch eine größere Aufschlagsfläche des Kühlers bedingt, denn der hatte den Wärmetausch für einen ganz neuen Motor zu besorgen. Dies war im 350 SL ein V8 mit 3499 ccm Hubraum und 200 PS Leistung. Es war dieser Motor, nicht zuletzt entwickelt im Hinblick auf den amerikanischen Markt, der sich nicht in den »Pagode«-Roadster unterbringen ließ, sondern eine neue Fahrzeugkonstruktion bedingte.

Die Substanz dieser dritten für die Großserie konzipierten Roadster-Generation nach dem 190 SL (W 121) und der Pagoden-Reihe (W 113) barg ein interessantes Entwicklungspotenzial für fast zwanzig Jahre Bauzeit. Wie bei seinem Vorgänger stammten auch die gestalterischen Grundzüge des R 107 von dem seinerzeit in Stuttgart tätigen Designer Paul Bracq, bevor der Franzose die Fronten wechselte und zu BMW ging.

Vater und Sohn: Der Pagoden-SL und sein direkter Nachfolger, der Typ 107, auf der Daimler-Benz-Versuchsstrecke.

Auch der 107er hatte das »Pagoden«-Dach, die Hohlkehle der Dachfläche erinnerte an den Vorgänger W 113.

Die Szene ist gestellt: Das Designteam um Joseph Gallitzendörfer bei der Suche nach der richtigen Form für die Rückleuchten. Diese sollten weniger schnell verschmutzen, was dann zu den für die Mercedes jener Epoche typischen geriffelten Leuchtengläsern führte.

Die Vorarbeiten für den Nachfolger des Pagoden-SL begannen Mitte der 1960er Jahre. Die Skizzen von Josef Gallitzendörfer zeigen einige Wegmarken, die letztlich zum neuen Design führten.

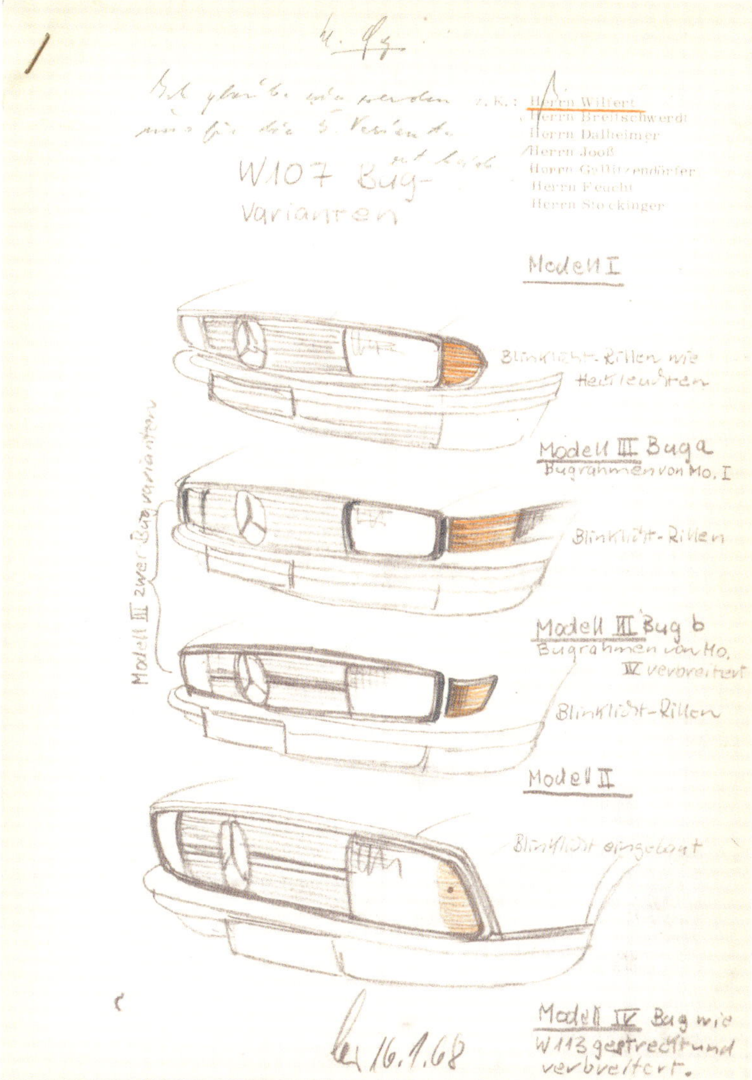

Januar 1968: Die Stilisten haben das Wort; hier zu sehen sind Überlegungen zur Anordnung der Blinkleuchten. Nach neuesten Zulassungsvorschriften mussten die nun auch von der Seite aus zu sehen sein.

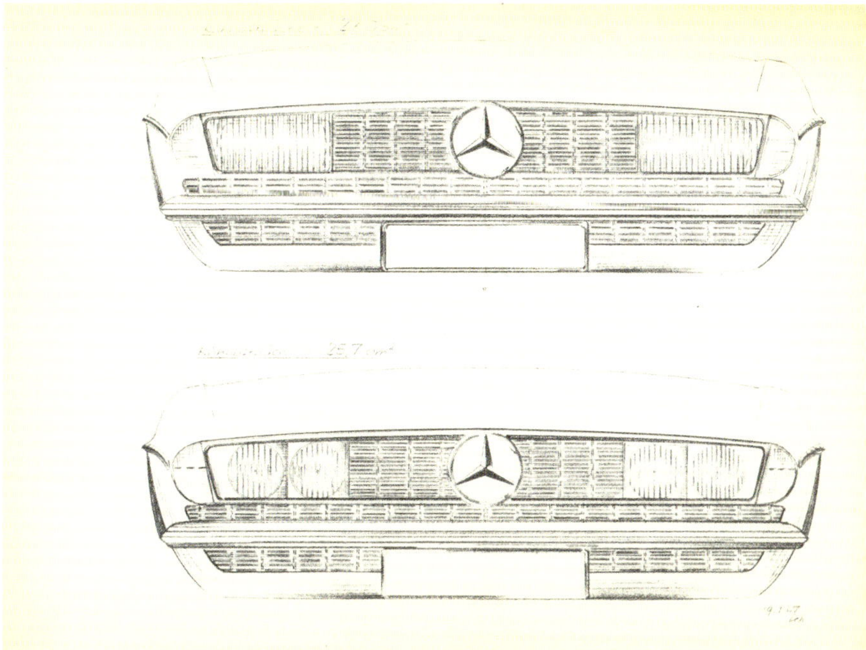

Papier ist geduldig: Zwei Grill-Varianten von 1967.

Ein sehr bekanntes Bild, das diverse Grillalternativen zeigt. Die Nummer BB-A 716 ist auf diesem Bild gleich mehrfach zu sehen ...

Mit seiner relativ hohen Gürtellinie, dem durch eine leichte Keilform betonten Heckabschluss und dem flachen hinteren Radausschnitt wirkte der 350 SL im Profil vielleicht ein wenig massiv. Doch daran gewöhnte man sich bald, und dieses Stylingprinzip machte Schule, wie man ein, zwei IAA-Zyklen später feststellen durfte.

Das Verdeck ließ sich in wenigen Sekunden öffnen und schließen, schneller als bei jedem anderen Cabriolet. Geschlossen sah der Wagen beinahe ebenso gut aus wie offen; signifikant waren das große Cellon-Rückfenster und die beiden hinteren, ebenfalls transparenten Ecken. Man hatte also auch bei geschlossenem Verdeck eine sehr gut Sicht..

Das Coupé (links) und der Roadster (rechts) waren technisch identisch.

Ob mit Hardtop, als offenes oder als geschlossenes Cabriolet, stets sah der R 107 gleichermaßen gut au Das Verdeck hatte eine große, dreiteilige Cellon-Heckscheibe und war standardmäßig schwarz.

Überlässt er ihr wirklich das Lenkrad? In der Werbung wurden Frauen am Steuer eines R 107 nur selten gezeigt. Im Vergleich zum 190 SL galt das Auto nicht unbedingt als ein Damenwagen.

Mit dem richtigen Tempo gefahren, kleben die Fahrzeuge in der Steilkurve der Daimler-Benz-Versuchsstrecke in Untertürkheim auf dem Beton ...

350 SL: Sportlichkeit mit Gewissen.

Ab 17. April 1971 gibt es einen sportlichen Zweisitzer, wie es ihn nicht alle Jahre gibt. Weil ein solches Automobil lange und gründlich entwickelt werden muß. Nur so verstehen Mercedesfahrer das Wort „neu". Sie messen Fortschritt nicht an Blechwölbungen. Sondern an Technik, Fahrkomfort und Sicherheit. Die eigenwillige Karosserieform hat dem 350 SL schon im Windkanal Bestnoten eingebracht. Sie ist modern. Aber nicht modisch. Erstens funktionsbetont. Zweitens attraktiv. Eine Reihenfolge, die Mercedesfahrer mögen.

Die Fortsetzung folgt unter der Haube:

Der 3,5 l V8-Motor. 200 PS beschleunigen in 8,8 sec von 0 auf 100 km/h. Dauerspitze 210 km/h.

Doch für Mercedesfahrer zählen andere Werte: Das hohe Drehmoment, das seine Kraft aus dem Hubraum schöpft. Zwei obenliegende Nockenwellen, die sportliches Fahren ermöglichen. Die Laufruhe eines kultivierten, ausgereiften Triebwerks. Das auf lange Lebensdauer ausgelegt ist und das verzögerungsfrei anspricht. Die elektronische Benzineinspritzung garantiert dafür. Und nicht nur dafür. Sie reduziert auch die Schadstoffe. Der V8-Motor erfüllt schon heute die europäischen Abgasvorschriften von morgen.

Oben links: Die eigenwillige Stilistik des 350 SL vereint Funktion und Eleganz. Nur so ist moderne Karosserie-Konzeption im Automobilbau zu verstehen.

Oben rechts: „Der 3,5 l V8 von Mercedes stellt ohne Zweifel das beste Triebwerk dar, das gegenwärtig in Deutschland gebaut wird", sagte ein bekannter Motorjournalist.

Links: Die Lenkrad-Polsterplatte verdankt ihre neue Form Erkenntnissen der Biomechanik. Wie jedes Detail im Mercedes-Sicherheitssystem auf wissenschaftlicher Forschung aufbaut.

Unten links: Die Sitze sind auch in der Höhe verstellbar. Ein Team von Ingenieuren, Orthopäden und Biomechanikern gab ihnen funktionsgerechte Form.

Unten rechts: Blinde Rückleuchten sind eine Gefahr für den Hintermann. Geriffeltes Glas reduziert Verschmutzung. Der 350 SL ist noch nach 600 km Schlechtwetterfahrt klar auszumachen.

Vorurteile haben ein zähes Leben.

Mercedesfahrer begegnen hin und wieder der Meinung, daß sie ...

1. stock-konservativ sind.
   Weil sie technischen Fortschritt höher werten als modisch gepreßtes Karosserieblech?
2. total unsportlich sind.
   Weil sie einen Motor mit echten Kraftreserven Sportlenkern und Rallyestreifen vorziehen?
3. grenzenlos bequem sind.
   Weil sie sich ihr Autofahrerleben mit Servolenkung, Servobremse und Schaltautomatik erleichtern?
4. extrem risikofeindlich sind.
   Weil sie ein optimales Sicherheitssystem im Auto verlangen und Heldentum im Straßenverkehr bei ihnen nicht gefragt ist?
5. maßlos egoistisch sind.
   Weil sie beim Service modernste Prüfstände und ausreichend Fachpersonal verlangen und weil sie kein Auto akzeptieren, das ständig Heimweh nach der Werkstatt hat?
6. ungeheuer materialistisch sind.
   Weil sie ihr Auto 8000 km mehr pro Jahr fahren als der Durchschnitt, es überhaupt länger halten wollen als andere und dennoch einen hohen Wiederverkaufspreis erzielen?

Mercedesfahrer nehmen diese Vorurteile in Kauf. Sie wissen eben genau, was sie wollen. Und Sie wissen es bestimmt auch.

Fahrwerk und Bremsen

Die Diagonal-Pendelachse sorgt für sicheres Fahrverhalten, gute Straßenlage und hohen Fahrkomfort. Doch wer schneller auf 100 ist, braucht auch bessere Bremsen. Deshalb werden die Scheibenbremsen des 350 SL von Turbinenschaufeln luftgekühlt. Und vorne zusätzlich innenbelüftet.

Fairneß ist die Sportlichkeit, die wir auf unseren Straßen brauchen. Beherrschung der Kraft ist wichtiger als die Kraft selbst. Für Mercedesfahrer.

Zu Ihrer Sicherheit wurde auf besonderen Flankenschutz Wert gelegt. Und Windleitbleche für die vorderen Dachstreben konstruiert — um Seitenscheiben schmutzfrei zu halten. Ergebnisse unserer systematischen Sicherheitsforschung. Zwei von vielen.

Wenn Sie einen 350 SL probefahren, werden Sie spüren, daß ein neuer Mercedes immer ein „neues" Auto ist.

Mercedes-Benz

Ihr guter Stern auf allen Straßen

Der Hundertsiebener in einer frühen Anzeige mit aufgesetztem Hardtop: Rasse und Eleganz im klassischen Design des Hauses Daimler-Benz, das in den 1970er Jahren einen Höhepunkt erreicht hatte.

Das sah die Polizei nicht gerne, für Presseaufnahmen war's vielleicht gestattet: Das Sitzen auf dem Verdeckkasten. Der Roadster hatte übrigens keine Rücksitze, die mussten extra geordert werden, verdienten aber ihren Namen nicht.

Der Hardtop-Aufsatz kostete zunächst Aufpreis und gehörte erst 1980 zum serienmäßigen Lieferumfang. Dessen Handhabung benötigte allerdings etwas mehr Zeit und vor allem zwei Personen, zudem brauchte man einen Platz für die Lagerung, wenn das feste Dach nicht benötigt wurde! Die etwas gekehlte Dachfläche entsprach der beim W 113; der Aufpreis lag bei DM 1460,- und damit nur um 17 Mark über dem der Automatik.

Die Ausstattung des Zweisitzers war ausgesprochen luxuriös, das Armaturenbrett dick gepolstert – und ohne die früher üblichen Edelholz-Applikationen. Lederpolsterung kostete DM 461,- Aufpreis, hintere Kindersitze anstelle der mit Teppichboden ausgekleideten Gepäckablage DM 283,-.

Die Armaturentafel erfuhr im Laufe der Jahre diverse kleine Modifikationen, die Gruppierung der Instrumente und Lüftungsauslässe betreffend. Das vierspeichige Lenkrad wies einen Pralltopf auf mit breiter Polsterplatte und integrierten Signaltasten. Kopfstützen und Automatik-Sicherheitsgurte wurden von Anfang an geliefert, und statt der schmalen Gepäckablage hinter den Sitzen gab es auf Wunsch eine gepolsterte Fläche, die einem kleinen Kind die Mitfahrmöglichkeit bot. Die Mittelkonsole war breit und nahm viel Platz in Anspruch, aber sie engte die Beinfreiheit nicht ein.

Für allgemeines Wohlbefinden und Konditionssicherheit sorgte die unabhängig vom Staudruck bei Fahrt arbeitende und über Klappen geregelte, sehr spontan reagierende Heizung, unterstützt durch eine neuartige Klimatisierung des Bereichs an den Türen. Eine richtige Klimaautomatik hingegen war als (recht teure) Option erhältlich. Eine nützliche Besonderheit stellte die im Handschuhfach integrierte, aufladbare 12-V-Taschenlampe dar, die später durch eine fest installierte Leuchte ersetzt wurde.

Das Fahrwerk des Wagens ähnelte dem der Strich-Acht-Baureihe W 114/115 mit hinterer Einzelradführung an Schräglenkern, Kugelumlauf-Servolenkung und Zweikreis-Scheibenbremsen an allen vier Rädern. Die 6,5 Zoll breiten Felgen, vorzugsweise in Leichtmetallausführung geordert, waren mit Gürtelreifen der Größe 205/70 VR 14 versehen. Sie verliehen dem Fahrzeug einen souveränen Look, sie hätten schon aus diesem Grunde keinen Zoll schmaler ausfallen dürfen; der später präsentierte 280 SL rollte auf Reifen der Dimension 195/70 HR 14, was manchen ein wenig schmalbrüstig erschien.

Zum Auslieferungsbeginn war der SL der Baureihe R (Roadster) beziehungsweise C (Coupé) 107 mit zwei V8-Motoralternativen lieferbar. Im 350 SL kam der V8-Motor des Baumusters M 116 zum Einsatz. Die Zylinderbänke standen im 90-Grad-Winkel. Die Kraftstoffversorgung übernahm eine elektronisch gesteuerter Benzineinspritzung D-Jetronic von Bosch, ab März 1976 kam dann die K-Jetronic zum Verbau, wobei die Leistung auf 195 PS sank. Serienmäßig wurde der 350 SL mit einem Viergang-Handschaltgetriebe geliefert; optional stand ein Getriebe mit fünf Gängen und eine Vierstufen-Automatik zur Verfügung. Von September 1972 an wies die Wandler-Automatik drei Stufen auf.

Der V8 mit seinen zwei Nockenwellen hatte in der Baureihe W 108/109, der S-Klasse (die allerdings damals noch nicht so hieß), bereits sein Debüt gegeben und wurde im März 1968 als Antrieb für den Pagoden-Nachfolger bestimmt. Er galt als Muster an Laufkultur und Geschmeidigkeit. Seine 200 PS lieferte er bei 5800 U/min, und selbst bei hohen Drehzahlen verhielt sich das Aggregat zivilisiert und leise. Doch es gab noch eine Steigerung dieser Eigenschaften: Im Modell 450 SL.

Motor der Baureihe M 116 aus dem 350 SL: 200 PS starker V8 mit obenliegenden Nockenwellen, elektronisch gesteuerter Benzineinspritzung und Transistorzündung.

In den Prospekten wurde der V8-Motor als ein »kultivierter Athlet« bezeichnet.

Der Motor M 116 aus dem 350 SL wurde bis Februar 1976 von der D-Jetronic gefüttert; danach erfolgte die Umstellung auf die K-Jetronic.

450 SL: Für die USA entwickelt

Bereits beim Erscheinen des 350 SL hatte Daimler-Benz auch eine hubraumstärkere Variante in petto. Nur wenige Monate nach der Präsentation des neuen Roadsters verließ der erste 450 SL das Werk, wenngleich er auch noch nicht so genannt wurde (er hieß schlicht 350 SL 4,5 Liter) und zunächst nur für den Verkauf in den USA vorgesehen war. In Europa gab der 450 SL erst im März 1972 – auf dem Genfer Automobil-Salon – seinen Einstand. Doch der für die USA wegen der dort geforderten Abgasnormen gering verdichtete und relativ leistungsarme 4520-ccm-Motor erfuhr in der Auslegung für Deutschland und Umgebung seine adäquate Auslegung auf 225 PS (45 mehr als bei der Kalifornien-Version!). Dabei war der Hochleistungsmotor keineswegs ausgereizt. Seine relativ geringe Belastung resultierte in einer Langlebigkeit ohnegleichen. Eine halbe Million Kilometer Laufleistung ohne Revision vertrug dieser V8 klaglos, wie sich mehr als einmal erweisen sollte. Gute Pflege allerdings vorausgesetzt. Ein Ölwechsel war alle 10.000 Kilometer vorgesehen, und diesen Rhythmus sollte man tunlichst einhalten.

450 SLC 5.0 Grundausstattung

Motor
V8-Motor mit Benzineinspritzung, Transistor-Zündung und hydraulischem Ventilspiel-ausgleich;
177 kW bei 5000/min bzw. 240 PS/DIN bei 5000 U/min

Getriebe
3-Gang-Wandler-Automatic; Mittelwahlhebel

Achsen
Vorderachse:
Doppelquerlenker mit Bremsnick-Abstützung
Hinterachse:
Diagonal-Pendelachse mit Bremsnick-Abstützung
Auf Wunsch:
Niveau-Regulierung

Federung
An Vorder- und Hinterachse je zwei Schraubenfedern, je zwei doppeltwirkende hydraulische Teleskop-Gasdruck-Stoßdämpfer

Bremsen
Zweikreis-Servo-Bremssystem, Scheibenbremsen vorn und hinten, innenbelüftete Bremsscheiben vorn. Leichtmetall-Felgen mit Turboschaufeln zur zusätzlichen Kühlung; Feststellbremse mit zusätzlichen Bremsbacken und Bremstrommeln. Kontroll-Licht für die Funktion der beiden Bremskreise; Bremsbelag-Verschleißanzeige

Lenkung
Exakte, leichtgängige Mercedes-Benz Servolenkung; großflächige Polsterplatte auf der Lenkradnabe. Pralltopf unter der Polsterplatte; teleskopartig ineinanderschiebbare Lenksäule. Lenkgetriebe weit hinter der Vorderachse angeordnet

Karosserie
Feste Verschweißung der Rahmenbodenanlage mit dem Aufbau; gute Rundumsicht nach allen Seiten; leichtschließende Türen. Tank über der Hinterachse; stoßaufzehrende Bug- und Heckpartie; optimale Sicht nach allen Seiten. Vollsicht-Verglasung aus Sicherheitsglas. Front- und Heck-Spoiler. Motorhaube und Kofferraumdeckel aus Leichtmetall

Sitze
Körpergerecht geformt, stoßfest verankert, ausgeformt für seitlichen Sitzhalt. Sitzfederung auf Fahrzeugfederung abgestimmt. Sitze in Längsrichtung verstellbar: Fahrersitz in der Höhe verstellbar, stufenlos verstellbare Rückenlehnen; Lehnen-Arretierung durch Unterdruck; Fondsitzbank mit klappbarer Mittelarmlehne. Vordersitze mit Kopfstützen und Automatic-Sicherheitsgurten

Heizung und Lüftung
Zugfreier Dauerluftstrom für Warm- oder Kaltluft mit zusätzlichem Gebläse für Windschutzscheibe, Seitenscheiben und Fußraum. Luftmenge und Luftverteilung für Warm- oder Kaltluft stufenlos und getrennt regulierbar nach oben und unten. Getrennte Beheizung für rechts und links. Stufenlos einstellbare Kugeldüsen mit weitem Schwenkbereich für Warm- oder Kaltluft rechts und links in der Armaturenanlage. Große Austrittsöffnungen für Kaltluft in der Mitte der Armaturenanlage, stufenlos regulierbar nach allen Seiten. Warm- oder Kaltluft-Führung in beide Türen. Dauerentlüftung durch Schlitze unter der Heckscheibe. Das Beschlagen der Heckscheibe wird dadurch weitgehend vermieden. Heizbare Heckscheibe.

Frontscheibe
aus Verbund-Sicherheitsglas. Scheibenwaschanlage, Scheibenwischer mit zwei Geschwindigkeitsstufen, betätigt durch den Kombinationsschalter am Lenkrad, zusätzliche Schaltstufe am Kombinationsschalter für Wischer-Intervall-Betätigung.

Instrumente
Armaturenanlage gepolstert, stoßnachgiebig, vorbereitet für den Einbau einer Stereo-Anlage und einer Klima-Anlage. Geschwindigkeitsmesser, Drehzahlmesser, Öldruckanzeiger, Tankinhaltanzeiger, Kühlwassertemperaturanzeiger. Kontroll-Licht für die Funktion der beiden Bremskreise, Batterie-Ladestrom, Blinker, Fernlicht und Kraftstoffreserve, elektrische Zeituhr, Gesamtkilometerzähler, Tageskilometerzähler

Beleuchtung
Standlicht, asymmetrisches Halogen-Abblendlicht, Halogen-Fernlicht. Scheinwerfer-Regulierung für beladenen oder unbeladenen Wagen; Halogen-Nebellampen, Parklicht, Rückfahrscheinwerfer, Nebelschlußleuchte, in Heckleuchteinheit integriert, mit zusätzlicher Schaltstufe und Kontroll-Licht am zentralen Lichtschalter. Stufenlos regelbare Instrumentenbeleuchtung; Innenraumbeleuchtung vorn und hinten; Fußraumleuchte mit Türkontakt und Handschalter, Kartenleselampe; Beleuchtung für Kofferraum, Heizung und Handschuhfach. Warnsummer für nicht ausgeschaltetes Hauptlicht

Signalanlage
Lichthupe; Blinker mit automatischer Rückstellung und Tipp-Kontakt für Überholsignale, betätigt durch den Kombinationsschalter am Lenkrad. Signalhupe; Bremslicht, Warnblinkanlage

Schlösser
Sicherheitszapfenschlösser an den Türen, verschließbares Handschuhfach. Kofferraumschloß, Lenkradschloß, kombiniert mit Zündschloß, Anlasser und Anlaßwiederholsperre. Hauptschlüssel für Türen, Zündschloß, Handschuhfach, Kofferraum und Tankschloß. Nebenschlüssel nur für Türen, Zündschloß und Tankschloß (Einschlüssel-System)

Sonstiges
Außenspiegel, von innen einstellbar; Ablageschale zwischen den Sitzen; Taschen an den Türen; abblendbarer Innenrückspiegel; gepolsterte Sonnenblenden; Armlehnen an den Türen, gepolstert, Zigarrenanzünder; Aschenbecher vorn und hinten; vorderer Fußraum, Fondfußraum und Tunnel mit Teppich verkleidet. Abschleppöse vorn und hinten; Warndreieck; Verbandkasten

Inhalt unverbindlich.
Änderungen vorbehalten.

1 Der 450 SLC 5.0 hat einen Leichtmetall-Motor. Eine beachtliche Gewichtseinsparung bei ausgezeichnetem thermischen Verhalten, unverändert hoher Lebensdauer und einer Leistungssteigerung auf 177 kW (240 PS), bei einem Kraftstoffverbrauch von nur 14,5 l/100 km (DIN) ist das Ergebnis. Das moderne Triebwerk ist mit Benzineinspritzung und kontaktlos gesteuerter Transistorzündung ausgestattet.

2 Der Frontspoiler verringert den Luftwiderstand des gesamten Fahrzeuges und reduziert die Auftriebskräfte an der Vorderachse.

3 Das Auto ist um den Fahrer herum gebaut. Alle Schalter, Hebel und Knöpfe sind ergonomisch richtig und griffgünstig angebracht. 4-Speichen-Sicherheitslenkrad mit großer Polsterplatte.

4 Motorhaube und Kofferraumdeckel sind aus Leichtmetall gefertigt und tragen damit zur Gewichtsreduzierung bei.

5 Von außen sofort erkennbar ist das 5-Liter-Coupé – neben farblich abgesetzten Streifen – an zwei Spoilern, vorn unter dem Wagenbug und am Heck.

5,0-Liter-Leichtmetall-V8 aus dem 450 SLC 5.0.

Sowohl der 3,5- als auch der 4,5-Liter-Motor waren keine Vergaser-Aggregate. Ihre Kraftstoffzufuhr erfolgte über eine elektronisch arbeitende Bosch D-Jetronic, ab Ende 1975 über eine mechanische K-Jetronic. Anlass für diese Umstellung (beim 350 SL erfolgte sie im Februar 1976) waren die jetzt auch in den meisten europäischen Ländern geforderten, niedrigeren Emissionswerte. Die K-Jetronic erfüllte diese Forderung durch exaktere Luftmengenmessung. Die Leistungsminderung betrug beim 350 SL etwa 5 PS, beim 450 SL kam sie auf 7 PS. Der 450 SL war übrigens ausschließlich mit Getriebeautomatik erhältlich, ein Viergang-Planetengetriebe mit hydraulischer Kupplung.

Der Roadster, der kein Roadster ist

Weder den legendären 300 SL von 1957–1962 noch den 190 SL oder die Pagoden-Roadster dürfte man als Roadster bezeichnen, denn sie waren natürlich Cabriolets. Die Karosserie-Nomenklatur folgt eindeutigen Definitionen. Dennoch hat Daimler-Benz auch die SL-Modelle der Baureihe 107 als Roadster bezeichnet, und warum sollte man diese Namensgebung im Nachhinein besserwisserisch korrigieren. Der britische Triumph, 1946 offiziell als »Roadster« präsentiert, war ja auch ein Cabrio, sogar fünfsitzig. Ein »Tourenwagen« im Gegensatz zu einem Stadtwagen konnte in den zwanziger Jahren beispielsweise durchaus ein geschlossenes Fahrzeug sein, und heute meinen wir, ein Tourenwagen sei unabdingbar ein Auto jener offenen Bauweise, die man auch als »Phaeton« bezeichnete (vor allem in den USA). Und schon setzte sich Volkswagen auch über diese Sprachregelung hinweg und gab einer Luxuslimousine diesen Namen, wie er unpassender nicht hätte sein können. Aber es gibt Viertürer, die als Coupé rangieren, und Autos mit der anspruchsvollen Bezeichnung GT, obwohl sie mit einem »Gran Turismo« im klassischen Sinne nicht das Geringste gemein haben. Mit einem R 107, der zwar Roadster heißt, aber eigentlich gar kein Roadster ist, sollten wir also ganz gut leben können.

280 SL: Daimlers Antwort auf die Ölkrise

Die weltweite Ölkrise im Jahre 1973 bewirkte in der Automobilindustrie – und zwar global – eine Reaktion, die im Erscheinen zahlreicher »Sparmodelle« ihren Ausdruck fand. Auch bei Daimler-Benz reagierte man entsprechend und brachte im Juli 1974 ein Modell 280 SL heraus. Der Motor dieses bis 1985 angebotenen Wagens war ein Reihensechszylinder mit zwei obenliegenden Nockenwellen, wie er auch in den Limousinen 280 E bzw. SE zu finden war (später ebenso im W 123). Ein mit 185 PS sehr spurtfreudiges Fahrzeug, vor allem mit Fünfganggetriebe – und in Bezug auf Komfort und Fahreigenschaften dem 450 SL so gut wie ebenbürtig. Fuhr man ihn sportlich, betrug der Kraftstoffverbrauch kaum weniger als bei den Schwestermodellen, sodass sich der Spareffekt letzten Endes nur auf Steuer und Versicherungsprämie beschränkte, vom Kaufpreis einmal abgesehen.
Serienmäßig hatte der 280 SL ein Viergang-Handschaltgetriebe; ab September 1981 ein vorher nur gegen Aufpreis erhältliches Fünfganggetriebe. Die ebenfalls angebotene Viergang-Wandlerautomatik wurde nur selten geordert.

380 SL, 500 SL: Leichter, stärker, schneller

Der 350 SL wurde im Mai 1980 – nach einer Produktionspause von acht Wochen – durch den 380 SL abgelöst. Mit gleichem Bohrungsmaß, aber einem längeren Hub hatte der aus einer neuen, durch hohen Silizium-Anteil gewichtssparenden Leichtmetall-Legierung gegossene Motor 3818 ccm Hubraum, gut für 218 PS. Den 450 SL gab es noch bis November 1980, als er durch den bereits eine Weile parallel fabrizierten 500 SL eine Ablösung erfuhr. Der Motor dieses Modells war der Aluminium-V8 aus der Limousine 500 SE und leistete bei zivilen 4750 Touren 240 PS. Die Höchstgeschwindigkeiten betrugen zwischen 210 und 225 km/h.
Was den 500 SL von den anderen, hubraumschwächeren Modellen dieser Baureihe äußerlich unterschied, war ein schwarzer Heckspoiler auf der Oberkante des Kofferdeckels. Er wirkte aufgesetzt und nicht gerade Mercedes-like, war aerodynamisch vielleicht sogar verzichtbar, entsprach aber dem jüngsten Trend, wie ihn eine neue Generation von Tunern und sogenannten Veredlern vorgab.
Während man den 5,0-Liter-V8 während seiner Bauzeit bis 1989 unverändert beließ, erfuhr das 3,8-Liter-Triebwerk im September 1981 einige Änderungen. Ein neuer Block mit geringerer Bohrung und eine neue Kurbelwelle mit höherem Hubmaß brachten 3839 ccm Hubraum und ein höheres Drehmoment, wenn auch bei einer auf 204 zurückgenommenen Höchstleistung. Eine neue, kontaktlose Volltransistorzündung wie beim 380 und beim 500 SL bekam auch der 280 SL. Für alle Modelle war ein Differenzial mit begrenztem Schlupf (Sperrdifferenzial) erhältlich.
Allen Modellen gleich war ein ausgewogenes Fahrverhalten. Kompromisslose Sportlichkeit hatte nicht im Lastenheft gestanden, wurde von der Kundschaft auch nicht erwartet. Ein hohes Maß an Komfort, vor allem auf langen Reisestrecken, stand im Vordergrund, dennoch sorgten die direkte Lenkung und die äußerst effizienten Bremsen für genügend Fahrspaß, zum Beispiel auf Passstraßen, was sportlich ambitionierte Fahrer durchaus zu schätzen wussten.

Blick in das Cockpit des Methanol-Versuchsfahrzeugs 450 SL.

Im Gefolge von Ölkrise und Umweltdiskussion experimentierte Daimler-Benz auch mit alternativen Treibstoffen. Der Methanol-SL entstand als Folge der immer strengeren amerikanischen Abgasgesetzgebung. Die Leistung dieser Variante lag bei 252 PS.

Technik spezial: Hochleistungsmotor aus Leichtmetall

Im April 1980 ging der 107 mit dem neuen Fünfliter-Leichtmetall-Motor in Produktion. Dieser V8 stellte im Grunde die gleiche Konstruktion dar wie die des Grauguss-Motors im 450 SL. Er trug die interne Produktionsnummer M 117 und war in der Bohrung von anfänglich 97 auf 96,5 mm reduziert worden, um das Hubvolumen unter fünf Liter halten zu können.

Das eigentlich Neue an diesem Motor war das Material, aus dem er bestand. Das Kurbelgehäuse der Zylinder bestand aus eine Aluminiumlegierung mit hohem Siliziumanteil, hergestellt im Kokillen-Gussverfahren bei KS in Neckarsulm. Dieses Material machte Laufbüchsen aus Stahl entbehrlich, die bei Alublöcken stets als unabdingbar galten. Durch ein besonderes Ätzverfahren wurde von den Innenwänden der Zylinder eine Schicht im µ-Bereich abgetragen, wodurch die in der Legierung vorhandenen Siliziumpartikel freigelegt wurden, die einen hohen Härtegrad aufwiesen. Die Leichtmetallkolben mussten, um mit dieser Oberfläche zu »harmonisieren«, allerdings eine Chrombeschichtung erhalten. Auch der 3,8-Liter-Motor des 380 SL/SLC wurde nach diesem Verfahren gefertigt.

Hauptvorteil war natürlich das geringere Gewicht, das man durch die Alumotoren erzielte. Das Leergewicht des 500 SLC war mit 1515 kg um 115 kg niedriger als beim 450 SLC mit Graugussmotor.

Leichtmetall-M-117 in einem 1989er 560 SL. *(Foto: Mr.choppers, © CC BY-SA 3.0)*

Kurbelgehäuse und der V-förmige Zylinderblock bestanden beim neuen, ab Frühjahr 1980 produzierten Motor für den Hundertsiebener aus einer Leichtmetall-Legierung mit einem hohen Anteil an Silizium. Der Motor wog deutlich weniger als der bisherige V8 aus Grauguss, ein spürbarer Vorteil auch im Leistungsgewicht.

Schnittmodell des 5-Liter-M-117.
(Foto: Bergfalke 2, © CC BY-SA 3.0)

Umweltfreundliche Technologie in Mercedes-Qualität.

Alle SL-Modelle werden serienmäßig mit zukunftssicherem Drei-Weg-Katalysator und Sauerstoff-Sonde angeboten. Damit fahren Sie schadstoffarm. Zusätzlich haben Sie durch das multifunktionale Gemischaufbereitungs- und Zünd-System von Mercedes den Vorteil, wenn nötig von bleifrei »Super« auf bleifrei »Normal« ausweichen zu können, ohne dem Motor in irgendeiner Weise zu schaden.

Wenn aus einsatzbedingten Gründen ein Katalysator-Fahrzeug für Sie noch nicht in Frage kommt, können Sie Ihren Mercedes als RÜF-Version (gegen Minderpreis) bestellen – das heißt ohne Drei-Weg-Katalysator und Sauerstoff-Sonde, aber technisch für deren problemlosen nachträglichen Einbau vorbereitet.

Der 300 SL hat serienmäßig 5-Gang-Schaltgetriebe (auf Wunsch automatisches Getriebe). 420 SL und 500 SL sind serienmäßig mit Wandler-4-Gang-Automatic mit zwei Schaltprogrammen für besonders ökonomische oder engagierte Fahrweise ausgestattet.

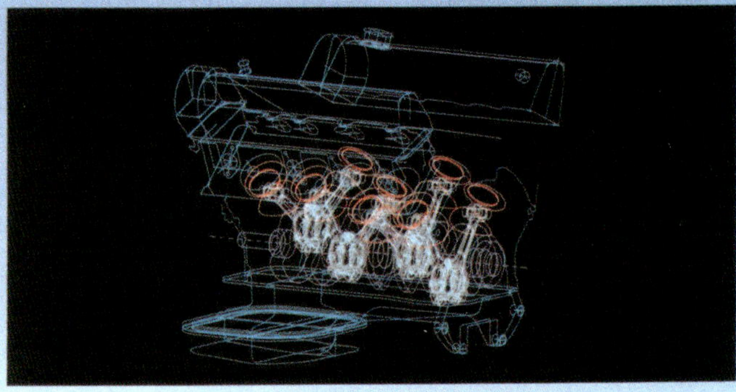

300 SL, 420 SL und 500 SL bot Daimler-Benz schließlich auch mit einem Dreiwege-Katalysator an. Auf Nachrüstsätze für ältere Modelle mussten die Liebhaber solcher Fahrzeuge nicht lange warten.

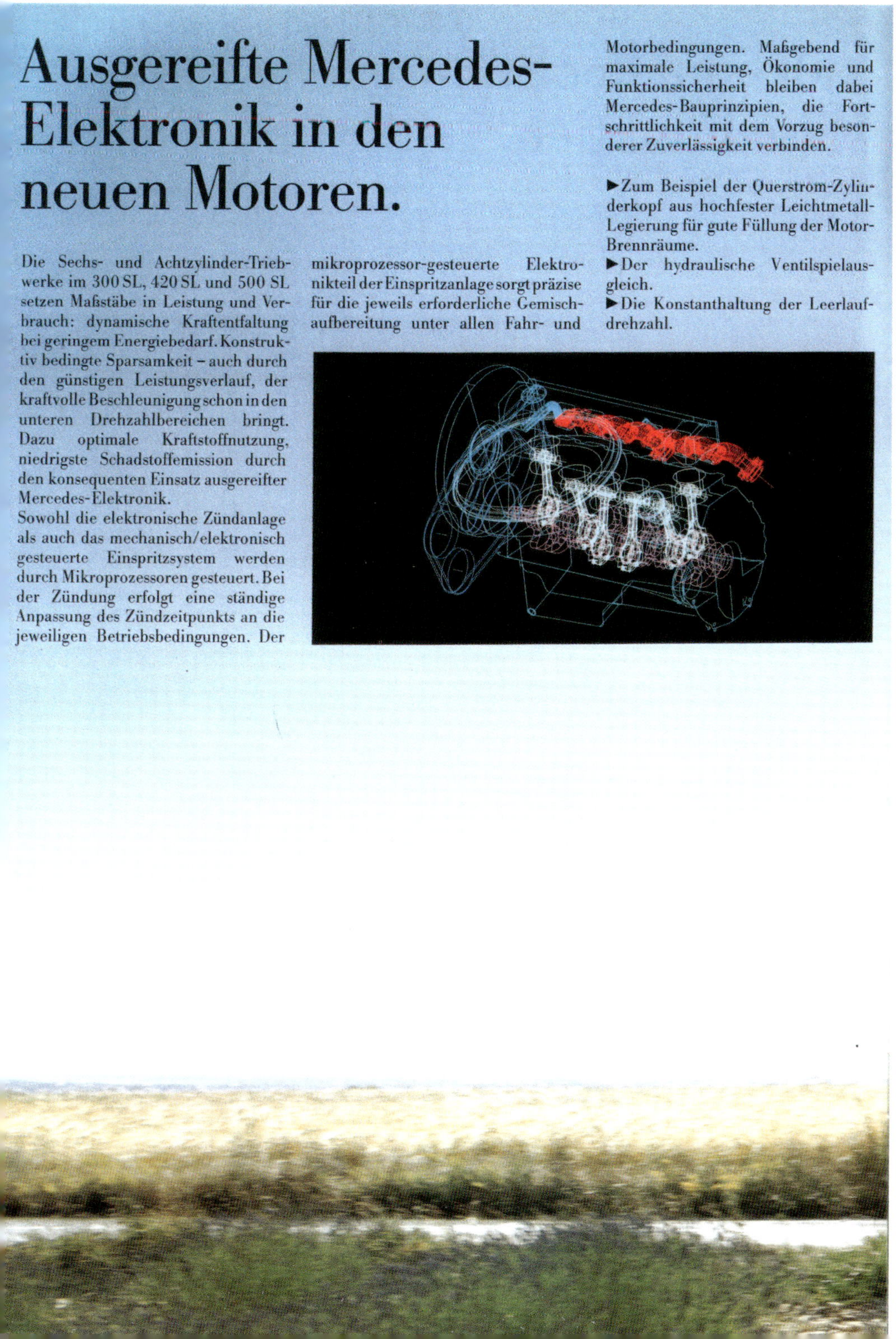

Ausgereifte Mercedes-Elektronik in den neuen Motoren.

Die Sechs- und Achtzylinder-Triebwerke im 300 SL, 420 SL und 500 SL setzen Maßstäbe in Leistung und Verbrauch: dynamische Kraftentfaltung bei geringem Energiebedarf. Konstruktiv bedingte Sparsamkeit – auch durch den günstigen Leistungsverlauf, der kraftvolle Beschleunigung schon in den unteren Drehzahlbereichen bringt. Dazu optimale Kraftstoffnutzung, niedrigste Schadstoffemission durch den konsequenten Einsatz ausgereifter Mercedes-Elektronik.
Sowohl die elektronische Zündanlage als auch das mechanisch/elektronisch gesteuerte Einspritzsystem werden durch Mikroprozessoren gesteuert. Bei der Zündung erfolgt eine ständige Anpassung des Zündzeitpunkts an die jeweiligen Betriebsbedingungen. Der mikroprozessor-gesteuerte Elektronikteil der Einspritzanlage sorgt präzise für die jeweils erforderliche Gemischaufbereitung unter allen Fahr- und Motorbedingungen. Maßgebend für maximale Leistung, Ökonomie und Funktionssicherheit bleiben dabei Mercedes-Bauprinzipien, die Fortschrittlichkeit mit dem Vorzug besonderer Zuverlässigkeit verbinden.

►Zum Beispiel der Querstrom-Zylinderkopf aus hochfester Leichtmetall-Legierung für gute Füllung der Motor-Brennräume.
►Der hydraulische Ventilspielausgleich.
►Die Konstanthaltung der Leerlaufdrehzahl.

Emotion und Aussagen zur Technik in gekonnter Zusammenfassung: auch im Katalog für den 300, 420 und 500 SL.

Der SL-Tourensportwagen in der vierten Generation

Die SL-Baureihe war mit dem 280 und 380 im Jahre 1985 keineswegs an ihrem Endpunkt angelangt. Mit einer Anzahl von Überarbeitungen präsentierte Daimler-Benz auf der IAA in jenem Jahr die Roadster in neuer Form, mit denen die Stuttgarter einer noch immer beachtlichen Nachfrage entsprachen. Drei von vier Fahrzeugen wurden in Nordamerika abgesetzt, Händler in Europa mussten ihre Kunden über lange Wartezeiten hinwegtrösten. In der Folge ergab sich ein reger Handel mit Kaufverträgen.

Die Einführung neuer Modelle verlieh dem Handel diesseits des Atlantiks neue Hoffnung. Zur Überraschung aller Mercedes-Kenner gab es als Basisversion jetzt einen 300 SL, hervorgegangen aus dem 280 SL; mit Katalysator leistete sein auf 2962 ccm vergrößerter Motor 180 PS. Im August 1986 löste dieser serienmäßig mit einem Fünfganggetriebe versehene Sechszylinder-Wagen (bei dem das Hardtop im Preis inbegriffen war) den 280 SL ab.

Bereits im September 1985 hatte der 420 SL den 380 SL ersetzt. Auch hier stand die Chiffre für den Hubraum des Motors, der jetzt 4196 ccm betrug. Ohne Katalysator leistete er 218, mit Kat 204 PS. Den 500 SL gab es weiterhin unverändert.

Im Programm war aber auch ein 560 SL, doch den bot Daimler-Benz ausschließlich auf dem nordamerikanischen Markt an – ein Wagen, der im Herbst 1985 dort an die Stelle des 380 SL trat. Wie schnell der hubraumstärkste SL lief, ist offiziell nirgendwo dokumentiert, war in den USA auch unerheblich. Angeblich betrug die Höchstgeschwindigkeit 222 km/h.

Alle neuen Achtzylinder wiesen von Haus aus ABS und Getriebeautomatik auf. Neu war aber die geänderte Kinematik der Vorderachse mit einem reduzierten Lenkrollradius der Vorderräder sowie eine modifizierte Hinterradaufhängung, die noch mehr Fahrkomfort mit sich brachte. Vorn gab es größere Bremsscheiben, auch hatte man den Bremskraftverstärker vergrößert. Damit hatte das Fahrwerk des R 107 sein Optimum erreicht.

Ein auffälliger Frontspoiler aus Kunststoff verlieh dem Wagen ein etwas anderes Gesicht. Mit dem neu geformten Spoiler erzielte man 30 Prozent mehr Bodenhaftung, er war damit sehr viel effizienter als die Gummilippe auf dem Kofferdeckel beim Fünfliter. Weitere Neuerungen betrafen die jetzt halb versenkten Türgriffe, besser ausgeformte und eine Spur höhere Sitze, eine andere Schaltkulisse und einige Änderungen an der Armaturentafel.

Laut SL-Papst Günter Engelen wurden lediglich vier der knapp 50.000 gebauten 560 SL in Deutschland zugelassen. *(Foto: Brabus)*

Die Firma Brabus ist weit mehr als ein Automobilveredler. Ein weiteres Geschäftsfeld ist die Klassiker-Restaurierung. (Foto: Brabus)

Das Cockpit des 560ers entsprach dem des 500ers. Seit Juli 1984 gehörte ein Fahrer-Airbag zur Serienausstattung; zwei Jahre später folgten dann die letzten signifikanten Modifikationen, die der SL-Reihe unter anderem neue Sitze mit mehr Seitenhalt ... *(Foto: Brabus)*

... und weitere Verbesserungen, darunter auch einen neuen Frontspoiler, bescherten. *(Foto: Brabus)*

Scheinwerferwaschanlage, hier an einem 380 SL.

Ein später 450 SL in US-Ausführung. Die US-Version leistete zuletzt nicht mehr als 160 SAE-PS; die Höchstgeschwindigkeit lag bei kaum 180 km/h.

Typisch für die US-Modelle war die aufgesetzte dritte Bremsleuchte.

Der 560 SL wurde zwischen 1985 und 1989 ausschließlich für die USA gebaut. Er leistete 227 SAE-PS und lief im Test knapp 220 km/h.

Die Mercedes-Benz-Palette in den frühen Siebzigern, noch vor der Ölkrise 1973, auf dem Versuchsgelände in Untertürkheim.

Der Heckspoiler auf dem Kofferraumdeckel war Zeichen des Fünfliter-SL, der in dieser Ausführung zwischen 1985 und 1989 gebaut wurde.

Ein später 500 SL mit allerlei aufpreispflichtigem Zubehör. Ein Dreiwege-Katalysator war erst zum Modelljahr 1987 serienmäßig.

Prospektbild des 500 SL, der ab April 1980 zu bekommen war. Nobles Schwarz und helles Leder unterstrichen den vornehmen Charakter dieses anspruchsvollen Sport-Tourers.

In dieser Ausführung mit einmal mehr modifizierter Front und größerem Spoiler wurde der SL auf der IAA 1985 gezeigt.

Mit dem Modelljahr 1986 gab es endlich wieder einen 300 SL im Programm. Der neue Sechszylinder-Motor M 103 kam mit Kat auf 179 PS.

*350 SL –
mehr als ein
Sportwagen …*

Der 350 SL ist keine Limousine. Er ist der neue, eigenwillig schöne Zweisitzer mit 200 PS, mit Roadsterverdeck und aufsetzbarem Pagodenform-Coupédach. Die Konzeption seines Vorgängers, des 280 SL, hat sich als richtungweisend und überaus erfolgreich erwiesen. Aufbauend auf diesen Erfahrungen wurde der 350 SL vollständig neu entwickelt. Größter Wert wurde dabei dem Fahrkomfort zugemessen, der durch neue Fahrwerkkonstruktionen, hohe Motorleistung und reichhaltige Innenausstattung gesteigert wurde.

Der 350 SL ist kein harter Sportwagen. Er ist weder laut noch eng. Das 3,5 Liter V8-Triebwerk benimmt sich wie ein kultivierter Athlet.

Ausstattung und Fahrkomfort entsprechen den großen Mercedes-Benz Limousinen. Seine Sicherheit – vom neuen wartungsfreien Fahrwerk, von den um mehr als 50% verstärkten Säulen der Windschutzscheibe über die weiterentwickelte Servolenkung bis zum von innen einstellbaren Außenspiegel – ist unübertroffen.

Viel Ästhetik, viel weißer Raum: Innenseiten aus einem ersten Prospekt für den 350 SL. Der V8-Motor wird als ein »kultivierter Athlet« bezeichnet.

Der Besitzer und Fahrer des 350 SL wird vergessen, was er bisher über sportliche Wagen wußte, weil das neueste Ergebnis der Mercedes-Benz Forschung weit über „Sportlichkeit mit Komfort" hinausgeht. Die Synthese aller Eigenschaften ist entscheidend, und hier war Harmonie das Ziel. Der 350 SL wirkt auf den Betrachter aufregend interessant. Der Fahrer dagegen spürt nichts dergleichen; er merkt nur den reichhaltigen Komfort und die sichere Kraftbeherrschung.

Flotte Worte, modisches Blech und schicke Sportarmaturen taugen nicht mehr viel in den 70er Jahren. Sicherheit, Fahrerleichterung und sinnvoller Komfort werden bald das Bild vom modernen Automobil bestimmen. Wir sind dieser Entwicklung voraus.

In Tausenden von Tests trainierte Aggregate lassen keinen Platz für Spielereien. Der dem Menschen angepaßte Komfort entsteht im wissenschaftlichen Versuch, die äußere Form im Windkanal. Trotzdem ist der 350 SL schön und schnell und männlich. Charakter statt Schminke. Der 350 SL ist ein in vielen Jahren ausgereiftes Automobil. Zukunftsweisende Technik ist unser Weg zur Perfektion.

Jetzt geben wir ihn in Ihre Hand. Seine Kraft und Sicherheit und Ihre Fairness im Straßenverkehr – es gibt keinen besseren Stern, unter dem Sie fahren können.

Weitere Seiten aus dem 350-SL-Prospekt. Es gebe keinen besseren Stern, unter dem man fahren könne, sagt der Text aus ... Nun, die Liaison des Sterns aus Untertürkheim mit Chryslers fünfzackigem »Pentastar« fand ja auch erst drei Jahrzehnte später statt.

Technische Daten des 350 SL. Interessant sind die ausführlichen Fußnoten zum Thema Leistung und vor allem zum Kraftstoffverbrauch: Dessen Angabe erfolgte nach der DIN-Norm, nicht aber nach Fahrpraxis; dies besorgte dann die Motorpresse.

TECHNISCHE DATEN

Motor	
Zahl der Zylinder	8
Bohrung/Hub	92/65,8 mm
Gesamthubraum	3499 cm^3
Motorleistung nach DIN[1])	200 PS bei 5800 U/min
Motorleistung nach SAE	230 gr. HP bei 6050 U/min
Max. Drehmoment nach DIN[1])	29,2 mkp bei 4000 U/min
Max. Drehmoment nach SAE	32,0 mkp bei 4200 U/min
Verdichtung	9,5
Ölfüllung Kurbelgehäuse max./min.	7,5/5,5 Liter
Inhalt des Kühlsystems	14,3 Liter
Lichtmaschine	14 V/55 A
Batterie	12 V/66 Ah
Höchstgeschwindigkeit	ca. 210 km/h
Reifen, mit Schlauch	205/70 VR 14
Kraftstoff	Super
Kraftstoffverbrauch nach DIN 70 030[2])	13,0 Liter/100 km
Tankinhalt	90 Liter
davon Reserve	ca. 13 Liter
Gewichte	
Fahrzeuggewicht fahrfertig	1545 kg
Zulässiges Gesamtgewicht	1975 kg
Anhängelast, gebremst[3])	1200 kg
Anhängelast, ungebremst[3])	750 kg

[1]) Die angegebene Leistung in PS/DIN ist nach Abzug aller Nebenleistungen an der Kupplung für den Antrieb effektiv verfügbar. Bei der Leistungsangabe in gr. HP/SAE sind die Leistungsaufnahmen der zum Motorbetrieb nicht erforderlichen Nebenaggregate unberücksichtigt.

[2]) Laut VDA-Revers technische Angaben entsprechend DIN 70 020 und 70 030. Kraftstoffverbrauch nach DIN 70 030. Dieser Wert wird ermittelt bei konstanter Geschwindigkeit von 110 km/h auf ebener Fahrbahn und einem Zuschlag von 10 %. Dieses Meßverfahren verwenden alle Automobil-Hersteller in der Bundesrepublik Deutschland. Die angegebenen Verbrauchswerte werden also unter gleichen Bedingungen ermittelt und sind damit echt vergleichbar. Sie entsprechen jedoch nicht dem tatsächlichen Fahrverbrauch, denn dieser ist je nach Fahrweise, Straßenzustand, klimatischen Verhältnissen etc. verschieden. Der Kraftstoff-Verbrauch nach DIN 70 030 ist also nur ein Vergleichswert, nicht aber der tatsächliche Fahrverbrauch.

[3]) Die angegebenen Gewichte sind Höchstgewichte. Gültig für die Bundesrepublik Deutschland. In verschiedenen Ländern sind andere Gewichte vorgeschrieben.

Inhalt unverbindlich
Änderungen vorbehalten

Daimler-Benz AG, Stuttgart-Untertuerkheim WZ 1499/00/00/0972 Printed in Federal Republic of Germany / Imprimé en République Fédérale d'Allemagne

Auf den vorangegangenen Seiten haben wir Ihnen gezeigt, warum Mercedes-Benz Fahrzeuge so gebaut werden und nicht anders und wie sie sich in der Produkt-Philosophie von anderen Automobilen unterscheiden.

Kein anderer Automobil-Hersteller bietet in der Summe der konstruktiven Maßnahmen mehr als Mercedes-Benz.

Die Abbildungen in diesem Katalog wurden nach internationalen Gesichtspunkten ausgewählt. Die Fahrzeuge entsprechen deshalb nicht in allen Details den landesspezifischen Serienausstattungen.

Wir bitten Sie, sich über den serienmäßigen Lieferumfang in jedem Fall bei Ihrer Mercedes-Benz Niederlassung oder Vertretung zu informieren.

Prospekt für den 350 SL, den 450 SL und den im Juli 1974 hinzugekommenen 280 SL mit dem Sechszylindermotor der Limousine 280 SE.

350 SL

Der 3,5 Liter-V 8-Motor, ein gebändigtes Kraftpaket mit 195 PS bzw. 143 kW nach DIN, beschleunigt den 350 SL in 9,5 s von 0 auf 100 km/h. Die gesamte technische Auslegung des Fahrzeugs ist auf diese Motorleistung in bekannter Mercedes-Benz Qualität perfekt abgestimmt. Zügiges, beherrschtes Fahren und kompromißlose Fairneß ist die Formel für den heutigen Verkehr. Mercedes-Benz baut den 350 SL für Fahrer, die das verstehen.

350 SL Technische Daten

Zahl der Zylinder	8
Bohrung/Hub	92/65,8 mm
Gesamthubraum	3499 cm³
Motorleistung nach DIN [1]	195 PS bei 5500 U/min 143 kW bei 5500/min
Max. Drehmoment nach DIN [1]	27,5 mkp bei 4000 U/min 270 Nm bei 4000/min
Verdichtung	9,5
Ölfüllung Kurbelgehäuse max./min.	7,5/5,5 Liter
Inhalt des Kühlsystems	14,3 Liter
Lichtmaschine	14 V/55 A
Batterie	12 V/66 Ah
Höchstgeschwindigkeit	ca. 210 km/h
Reifen	205/70 VR 14
Kraftstoff	Super
Kraftstoffverbrauch nach DIN 70 030 [2]	13,0 Liter/100 km
Tankinhalt	90 Liter
davon Reserve	ca. 13 Liter
Gewichte	
Fahrzeuggewicht fahrfertig [3]	1540 kg
Zulässiges Gesamtgewicht	1960 kg
Anhängelast Der Gesetzgeber läßt verschiedene Möglichkeiten zu, über die wir Sie gern informieren. Bitte fordern Sie unseren Spezialprospekt an.	

A	Größte Höhe	1290 mm Coupé 1300 mm Roadster
B	Größte Breite	1790 mm
C	Größte Länge	4390 mm
D	Radstand	2460 mm
E	Lenkrad-Fahrersitzlehne [4]	488 mm
F	Sitzhöhe vorn	928 mm Coupé 956 mm Roadster
G	Fahrerlehne-Rückwand [4]	480 mm
H	Breite auf Mitte Polster vorn	1310 mm
J	Breite Fensterschlüssel vorn	1348 mm
K	Breite Fondraum	970 mm
Spurweite vorn		1452 mm
Spurweite hinten		1440 mm
Wendekreisdurchmesser		10,34 m
Kofferraum		ca. 0,26 m³

[4] Maße veränderlich je nach Sitzposition.

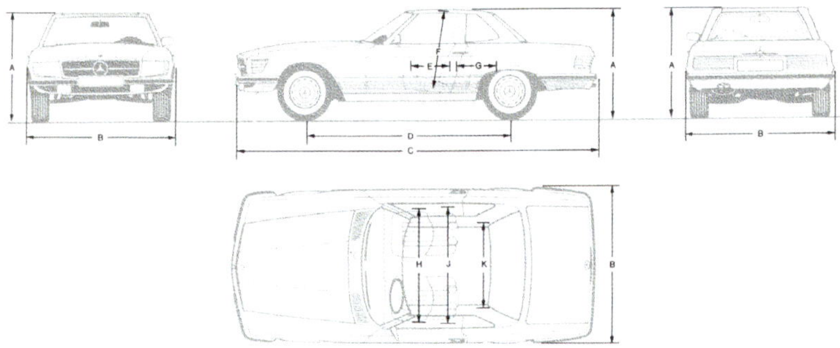

[1] Die angegebene Leistung nach DIN in PS bzw. kW ist nach Abzug aller Nebenleistungen an der Kupplung für den Antrieb effektiv verfügbar. Die Angaben in SI-Einheiten (kW = Kilowatt, Nm = Newtonmeter) sind umgerechnete und gerundete Werte.

[2] Laut VDA-Revers technische Angaben entsprechend DIN 70 020 und 70 030. Kraftstoff-Verbrauch nach DIN 70 030. Dieser Wert wird ermittelt bei konstanter Fahrt mit ¾ der Höchstgeschwindigkeit, max. 110 km/h, auf ebener Fahrbahn mit einem Zuschlag von 10%.
Dieses Meßverfahren verwenden alle Automobil-Hersteller in der Bundesrepublik Deutschland. Die angegebenen Verbrauchswerte werden also unter gleichen Bedingungen ermittelt und sind damit echt vergleichbar. Sie entsprechen jedoch nicht dem tatsächlichen Fahrverbrauch, denn dieser ist je nach Fahrweise, Straßenzustand, klimatischen Verhältnissen etc. verschieden. Der Kraftstoffverbrauch nach DIN 70 030 ist also nur ein Vergleichswert, nicht aber der tatsächliche Fahrverbrauch.

[3] Leergewicht gilt für Fahrzeuge in serienmäßiger Ausstattung. Sonderausstattungen erhöhen diesen Wert.

Die abgerundeten Ecken der Bild- und Textflächen hatten in Mercedes-Benz-Katalogen Tradition. Hier zwei Seiten für den 350 SL von 1976.

350 SL
Grundausstattung

otor
-Motor mit Benzineinspritzung, ansistor-Zündung und draulischem Ventilspiel-sgleich.
5 PS/DIN bei 5500 U/min bzw. 3 kW bei 5500/min.

etriebe
lzwangssynchronisiertes Gang-Getriebe; synchronisierter ckwärtsgang; Mittelschaltung; bstnachstellende Membran-erkupplung. Auf Wunsch: ndler-Automatic.

chsen
derachse: Doppelquerlenker Bremsnick-Abstützung; terachse: Diagonal-Pendel-se mit Bremsnick-Abstützung.

derung
Vorder- und Hinterachse wei Schraubenfedern, je ein ehstab-Stabilisator, je zwei ppeltwirkende hydraulische eskop-Stoßdämpfer.

emsen
eikreis-Servo-Bremssystem; heibenbremsen vorn und ten; innenbelüftete Brems-eiben vorn; Felgen mit boschaufeln zur zusätzlichen hlung; Feststellbremse mit sätzlichen Bremsbacken und emstrommeln; Kontroll-Licht die Funktion der beiden mskreise; Bremsbelag-schleißanzeige.

nkung
kte, leichtgängige Mercedes-nz Servolenkung; großflächige sterplatte auf der Lenkradnabe; ltopf unter der Polsterplatte; skopartig ineinanderschieb-e Lenksäule; Lenkgetriebe t hinter der Vorderachse eordnet.

rosserie
te Verschweißung der menbodenanlage mit dem bau; gute Rundumsicht nach n Seiten; leichtschließende en; Roadsterverdeck serien-ßig; auf Wunsch abnehmbares upédach; auf Wunsch zwei dersitze im Fond k über der Hinterachse; Baufzehrende Bug- und Heck-tie; optimale Sicht nach allen ten, Vollsicht-Verglasung aus herheitsglas.

Sitze
Körpergerecht geformt, stoßfest verankert, ausgeformt für seitlichen Sitzhalt; Sitzfederung auf Fahrzeugfederung abgestimmt; Sitze in Längsrichtung und Lehnenneigung verstellbar; Fahrersitz in der Höhe verstellbar; stufenlos verstellbare Rückenlehne; Lehnen-Arretierung. Sitze mit Kopfstützen und Automatic-Sicherheitsgurten.

Heizung und Lüftung
Staub- und zugfreier Dauerluftstrom für Warm- oder Kaltluft mit zusätzlichem Gebläse für Windschutzscheibe, Seitenscheiben und Fußraum. Luftmenge und Luftverteilung für Warm- oder Kaltluft stufenlos und getrennt regulierbar nach oben und unten. Getrennte Beheizung für rechts und links. Stufenlos einstellbare Kugeldüsen mit weitem Schwenkbereich für Warm- oder Kaltluft rechts und links in der Armaturenanlage. Große Austrittsöffnungen für Kaltluft in der Mitte der Armaturenanlage, stufenlos regulierbar nach allen Seiten. Warm- oder Kaltluft-Führung in beide Türen. (Dauerentlüftung bei Coupédach durch Schlitze unter der Heckscheibe. Das Beschlagen der Heckscheibe wird dadurch weitgehend vermieden.)

Frontscheibe
Verbund-Sicherheitsglas; Scheibenwaschanlage, Scheibenwischer mit zwei Geschwindigkeitsstufen, betätigt durch den Kombinationsschalter am Lenkrad; zusätzliche Schaltstufe am Kombinationsschalter für Wischer-Intervall-Betätigung.

Beleuchtung
Standlicht, asymetrisches Halogen-Abblendlicht, Halogen-Fernlicht, Halogen-Nebellampen; Scheinwerfer-Regulierung für beladenen und unbeladenen Wagen; Parklicht, Rückfahrscheinwerfer. Serienmäßige Nebelschlußleuchte, in Heckleuchteinheit integriert, mit zusätzlicher Schaltstufe und Kontroll-Licht am zentralen Lichtschalter. Stufenlos regelbare Instrumentenbeleuchtung; Fußraumleuchte mit Türkontakt und Handschalter; Kartenleselampe; Beleuchtung für Kofferraum, Heizungsbedienung und Handschuhfach. Die Handschuhfach-Beleuchtung ist eine herausnehmbare Taschenlampe, deren Batterie über Bordnetz aufgeladen wird.

Instrumente
Armaturenanlage, gepolstert, stoßnachgiebig, vorbereitet für den Einbau einer Stereo-Anlage und Klima-Anlage. Geschwindigkeitsmesser, Drehzahlmesser, Öldruckanzeiger, Tankinhaltanzeiger, Kühlwassertemperaturanzeiger, Kontroll-Licht für die Funktion der beiden Bremskreise, Batterie-Ladestrom, Blinker, Fernlicht und Kraftstoffreserve; elektrische Zeituhr; Gesamtkilometerzähler; Tageskilometerzähler.

Signalanlage
Lichthupe; Blinker mit automatischer Rückstellung und Tippkontakt für Überholsignale, betätigt durch den Kombinationsschalter am Lenkrad. Signalhupe; Bremslicht; Warnblinkanlage.

Schlösser
Sicherheitszapfenschlösser an den Türen; verschließbares Handschuhfach; Kofferraumschloß; Lenkradschloß, kombiniert mit Zündschloß, Anlasser und Anlaßwiederholsperre. Hauptschlüssel für Türen, Zündschloß, Handschuhfach, Kofferraum und Tankschloß. Nebenschlüssel nur für Türen, Zündschloß und Tankschloß (Einschlüssel-System).

Sonstiges
Außenspiegel, von innen einstellbar; Ablageschale zwischen den Sitzen; Taschen an den Türen; Handschuhfach; abblendbarer Rückspiegel; gepolsterte Sonnenblenden; Armlehnen an den Türen, gepolstert; Zigarrenanzünder; Aschenbecher vorn in der Mittelkonsole; vorderer Fußraum, Fondfußraum und Tunnel mit Teppich verkleidet; Abschlepp-Öse vorn und hinten; Warndreieck.

Inhalt unverbindlich.
Änderungen vorbehalten.

1 *Heizung und Lüftung – ein System von staub- und zugfreier Kalt- und Warmluftführung – können durch Hebel in der Mittelkonsole individuell eingestellt werden. Fünf verstellbare Kugeldüsen in der Armaturenanlage können den Luftstrom in jede gewünschte Richtung lenken. (Das Radio in der Mittelkonsole wird auf Wunsch geliefert).*

2 *Die horizontal angeordneten Halogen-Leuchteinheiten erhielten bei Tests und Vergleichen die Bestnote. Die Nebellampen werden serienmäßig, Scheinwerfer-Wischer werden auf Wunsch geliefert.*

3 *Die Sicherheitszapfenschlösser können bei einem eventuellen Unfall nicht plötzlich aufspringen. Äußere Sicherheit ist durch ihre abgerundete und entschärfte Form gewährleistet.*

4 *Der 3,5 Liter-V 8-Motor mit Benzineinspritzung und Transistor-Zündung ist gleichermaßen geeignet für gelassenes, verhaltenes Fahren wie für spurtschnelles Anpassen an sich schnell ändernde Verkehrssituationen.*

5 *Das Zweikreis-Servo-Bremssystem ist mit Scheibenbremsen an allen vier Rädern ausgerüstet. Die vorderen Bremsscheiben haben Innenbelüftung.*

Runde Ecken auch hier. Technische Aussagen und fotografisch brillante Detailaufnahmen ergänzen sich. Die Grundfarbe des Kataloges zieht sich wie üblich durch alle Seiten.

Prospekt für den 450 SL. Zwei Damen unterwegs ins Wintervergnügen. Da sie keine Skier auf dem Hardtop mitführen, werden sie den Sport des Après-Ski bevorzugt haben.

450 SL Technische Daten

Zahl der Zylinder	8
Bohrung/Hub	92/85 mm
Gesamthubraum	4520 cm³
Motorleistung nach DIN [1]	217 PS bei 5000 U/min 160 kW bei 5000/min
Max. Drehmoment nach DIN [1]	36,7 mkp bei 3000 U/min 370 Nm bei 3000/min
Verdichtung	8,8
Ölfüllung Kurbelgehäuse max./min.	7,5/5,5 Liter
Inhalt des Kühlsystems	15 Liter
Lichtmaschine	14 V/55 A
Batterie	12 V/66 Ah
Höchstgeschwindigkeit	ca. 215 km/h
Reifen	205/70 VR 14
Kraftstoff	Super
Kraftstoffverbrauch nach DIN 70 030 [2]	14,5 Liter/100 km
Tankinhalt davon Reserve	90 Liter ca. 13 Liter
Gewichte	
Fahrzeuggewicht fahrfertig [3]	1580 kg
Zulässiges Gesamtgewicht	2000 kg

Anhängelast
Der Gesetzgeber läßt verschiedene Möglichkeiten zu, über die wir Sie gern informieren.
Bitte fordern Sie unseren Spezialprospekt an.

A	Größte Höhe	1290 mm Coupé 1300 mm Roadster
B	Größte Breite	1790 mm
C	Größte Länge	4390 mm
D	Radstand	2455 mm
E	Lenkrad-Fahrersitzlehne [4]	488 mm
F	Sitzhöhe vorn	928 mm Coupé 956 mm Roadster
G	Fahrerlehne-Rückwand [4]	480 mm
H	Breite auf Mitte Polster vorn	1310 mm
J	Breite Fensterschlüssel vorn	1348 mm
K	Breite Fondraum	970 mm
	Spurweite vorn	1452 mm
	Spurweite hinten	1440 mm
	Wendekreisdurchmesser	10,34 m
	Kofferraum	ca. 0,26 m³

[4] Maße veränderlich je nach Sitzposition

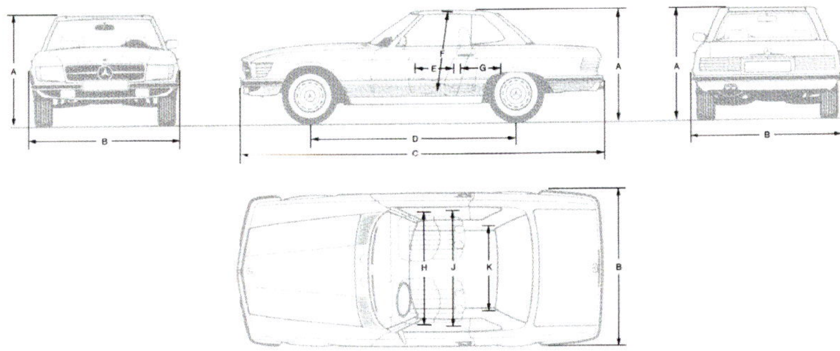

[1] Die angegebene Leistung nach DIN in PS bzw. kW ist nach Abzug aller Nebenleistungen an der Kupplung für den Antrieb effektiv verfügbar. Die Angaben in SI-Einheiten (kW = Kilowatt, Nm = Newtonmeter) sind umgerechnete und gerundete Werte.

[2] Laut VDA-Revers technische Angaben entsprechend DIN 70 020 und 70 030. Kraftstoff-Verbrauch nach DIN 70 030. Dieser Wert wird ermittelt bei konstanter Fahrt mit 3/4 der Höchstgeschwindigkeit, max. 110 km/h, auf ebener Fahrbahn mit einem Zuschlag von 10%. Dieses Meßverfahren verwenden alle Automobil-Hersteller in der Bundesrepublik Deutschland. Die angegebenen Verbrauchswerte werden also unter gleichen Bedingungen ermittelt und sind damit echt vergleichbar. Sie entsprechen jedoch nicht dem tatsächlichen Fahrverbrauch, denn dieser ist je nach Fahrweise, Straßenzustand, klimatischen Verhältnissen etc. verschieden. Der Kraftstoffverbrauch nach DIN 70 030 ist also nur ein Vergleichswert, nicht aber der tatsächliche Fahrverbrauch.

[3] Leergewicht gilt für Fahrzeuge in serienmäßiger Ausstattung. Sonderausstattungen erhöhen diesen Wert.

Inhalt unverbindlich.
Änderungen vorbehalten.

Technische Angaben zum 450 SL. Durch Umstellung von der D- auf die K-Jetronik Ende 1975 betrug die Leistung jetzt ein paar PS weniger als vorher, daher also die Angabe von 217 PS.

450 SL Grundausstattung

Motor
V 8-Motor mit Benzineinspritzung, Transistor-Zundung und hydraulischem Ventilspiel-ausgleich.
217 PS/DIN bei 5000 U/min bzw. 217 kW bei 5000/min.

Getriebe
3-Gang-Wandler-Automatic; Mittelwählhebel.

Achsen
Vorderachse: Doppelquerlenker mit Bremsnick-Abstützung; Hinterachse: Diagonal-Pendel-achse mit Bremsnick-Abstützung und Anfahrmoment-Ausgleich.

Federung
An Vorder- und Hinterachse je zwei Schraubenfedern, je ein Drehstab-Stabilisator, je zwei doppeltwirkende hydraulische Teleskop-Stoßdämpfer.

Bremsen
Zweikreis-Servo-Bremssystem; Scheibenbremsen vorn und hinten; innenbelüftete Bremsscheiben vorn; Felgen mit Turboschaufeln zur zusätzlichen Kühlung; Feststellbremse mit zusätzlichen Bremsbacken und Bremstrommeln; Kontroll-Licht für die Funktion der beiden Bremskreise; Bremsbelag-Verschleißanzeige.

Lenkung
Exakte, leichtgängige Mercedes-Benz Servolenkung; großflächige Polsterplatte auf der Lenkradnabe; Pralltopf unter der Polsterplatte; teleskopartig ineinanderschiebbare Lenksäule; Lenkgetriebe weit hinter der Vorderachse angeordnet.

Karosserie
Feste Verschweißung der Rahmenbodenanlage mit dem Aufbau; gute Rundumsicht nach allen Seiten; leichtschließende Türen; Roadsterverdeck serienmäßig; auf Wunsch abnehmbares Coupédach; auf Wunsch zwei Kindersitze im Fond.
Tank über der Hinterachse; stoßaufzehrende Bug- und Heckpartie; optimale Sicht nach allen Seiten; Vollsicht-Verglasung aus Sicherheitsglas.

Sitze
Körpergerecht geformt, stoßfest verankert, ausgeformt für seitlichen Sitzhalt; Sitzfederung auf Fahrzeugfederung abgestimmt; Sitze in Längsrichtung und Lehnenneigung verstellbar; Fahrersitz in der Höhe verstellbar; stufenlos verstellbare Rückenlehne; Lehnen-Arretierung. Sitze mit Kopfstützen und Automatic-Sicherheitsgurten.

Heizung und Lüftung
Staub- und zugfreier Dauerluftstrom für Warm- oder Kaltluft mit zusätzlichem Gebläse für Windschutzscheibe, Seitenscheiben und Fußraum. Luftmenge und Luftverteilung für Warm- oder Kaltluft stufenlos und getrennt regulierbar nach oben und unten. Getrennte Beheizung für rechts und links. Stufenlos einstellbare Kugeldüsen mit weitem Schwenkbereich für Warm- oder Kaltluft rechts und links in der Armaturenanlage. Große Austrittsöffnungen für Kaltluft in der Mitte der Armaturenanlage, stufenlos regulierbar nach allen Seiten. Warm- oder Kaltluft-Führung in beide Türen. (Dauerentlüftung bei Coupédach durch Schlitze unter der Heckscheibe. Das Beschlagen der Heckscheibe wird dadurch weitgehend vermieden.)

Frontscheibe
Verbund-Sicherheitsglas; Scheibenwaschanlage, Scheibenwischer mit zwei Geschwindigkeitsstufen, betätigt durch den Kombinationsschalter am Lenkrad; zusätzliche Schaltstufe am Kombinationsschalter für Wischer-Intervall-Betätigung.

Beleuchtung
Standlicht, asymetrisches Halogen-Abblendlicht, Halogen-Fernlicht, Halogen-Nebellampen; Scheinwerfer-Regulierung für beladenen und unbeladenen Wagen; Parklicht, Rückfahrscheinwerfer. Serienmäßige Nebelschlußleuchte, in Heckleuchteinheit integriert, mit zusätzlicher Schaltstufe und Kontroll-Licht am zentralen Lichtschalter. Stufenlos regelbare Instrumentenbeleuchtung; Fußraumleuchte mit Türkontakt und Handschalter; Kartenleselampe; Beleuchtung für Kofferraum, Heizungsbedienung und Handschuhfach. Die Handschuhfach-Beleuchtung ist eine herausnehmbare Taschenlampe, deren Batterie über Bordnetz aufgeladen wird.

Instrumente
Armaturenanlage, gepolstert, stoßnachgiebig, vorbereitet für den Einbau einer Stereo-Anlage und Klima-Anlage. Geschwindigkeitsmesser, Drehzahlmesser, Öldruckanzeiger, Tankinhaltanzeiger, Kühlwassertemperaturanzeiger, Kontroll-Licht für die Funktion der beiden Bremskreise, Batterie-Ladestrom, Blinker, Fernlicht und Kraftstoffreserve; elektrische Zeituhr; Gesamtkilometerzähler; Tageskilometerzähler.

Signalanlage
Lichthupe; Blinker mit automatischer Rückstellung und Tippkontakt für Überholsignale, betätigt durch den Kombinationsschalter am Lenkrad. Signalhupe; Bremslicht; Warnblinkanlage.

Schlösser
Sicherheitszapfenschlösser an den Türen; verschließbares Handschuhfach; Kofferraumschloß; Lenkradschloß, kombiniert mit Zündschloß, Anlasser und Anlaßwiederholsperre. Hauptschlüssel für Türen, Zündschloß, Handschuhfach, Kofferraum und Tankschloß. Nebenschlüssel nur für Türen und Zündschloß (Einschlüssel-System).

Sonstiges
Außenspiegel, von innen einstellbar; Ablageschale zwischen den Sitzen; Taschen an den Türen; Handschuhfach; abblendbarer Rückspiegel; gepolsterte Sonnenblenden; Armlehnen an den Türen, gepolstert; Zigarrenanzünder; Aschenbecher vorn in der Mittelkonsole; vorderer Fußraum, Fondfußraum und Tunnel mit Teppich verkleidet; Abschlepp-Öse vorn und hinten; Warndreieck.

Inhalt unverbindlich.
Änderungen vorbehalten.

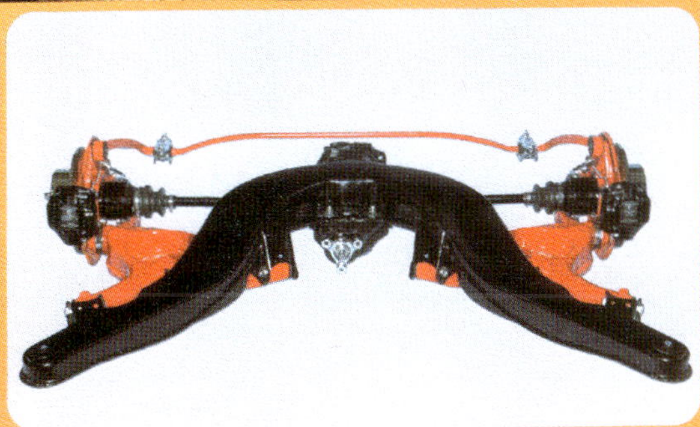

1 Der 450 SL wird serienmäßig mit der 3-Gang-Wandler-Automatic ausgerüstet. Sie wählen, anstatt zu schalten. Deshalb können Sie Ihre ungeteilte Aufmerksamkeit dem Verkehrsgeschehen widmen. Durch Kick-down (Durchtreten des Gaspedals über Vollgas-Druckpunkt) wird zum Beispiel beim Überholen in den zugkräftigsten Gang automatisch zurückgeschaltet. Nach dem Überholvorgang schaltet die Automatic wieder in die höhere Stufe. (Die elektrischen Fensterheber werden auf Wunsch geliefert.)

2 Die hochstabilen Dachpfosten und die obere Kante der Windschutzscheibe sind aus Sicherheitsgründen dick gepolstert. (Der rechte Außenspiegel ist auf Wunsch lieferbar.)

3 Der 4,5 Liter-V 8-Motor mit Benzineinspritzung und Transistor-Zündung. Das Wissen um die Leistungsstärke dieses Motors ist ein Komfortmoment. Denn der Fahrer kann unverkrampft und gelassen reagieren.

4 Die Hinterachse wurde der hohen Motorleistung durch einen Anfahrmoment-Ausgleich angepaßt. Das Eintauchen des Wagenhecks beim Beschleunigen wird völlig ausgeschaltet. Beim Bremsen wird das Heck etwas heruntergezogen.

Runde Ecken bei allen Detailflächen auch hier. Aussagen zur Ausstattung und Technik sowie gute Fotos beantworten jede Frage. Die Grundfarbe des Kataloges zieht sich hier ebenfalls durch alle Seiten.

Roadster in Vollendung: die einzigartige Allwetter-Konzeption.

Das exclusive Vergnügen des SL-Fahrens wird weder durch einen schnellen Witterungsumschwung noch durch anhaltende Schlechtwetterperioden oder im Winter beeinträchtigt.

Sie fahren mit Luft und Sonne bei schönem Wetter. Und Sie bleiben entspannt – auch wenn plötzlich ein Gewitter aufzieht. Denn das widerstandsfähige, in höchster Qualität gearbeitete Roadsterverdeck ist in Minutenschnelle und ohne Anstrengung aus der Versenkung zwischen Fond und Kofferraum herauszuklappen und zu schließen. Auch hier Mercedes-Perfektion: Das Verdeck liegt bei offen gefahrenem Wagen in einer Mulde und wird von einer Metallblende verdeckt. So stört nichts die Harmonie und die gestreckte Linienführung des Wagens.

Um andererseits das Roadsterverdeck zu schonen und den SL auch als echtes Ganzjahresfahrzeug nutzen zu können, gehört zu diesem Fahrzeugkonzept serienmäßig ein stabiles Coupé-Dach mit heizbarer Heckscheibe aus Verbundglas. Es wird problemlos aufgesetzt und fest verankert: Sie haben ein vollwertiges winterfestes Coupé.

Wichtiger Teil des Komfort-Angebots der SL-Klasse: Viel Platz fürs Gepäck. Der Kofferraum faßt 260 Liter – ein Spitzenvolumen in der Roadster-Kategorie. Aber auch weiteres Gepäck für die große Reise ist leicht unterzubringen: Hinter den Vordersitzen steht zusätzlicher und leicht zugänglicher Stauraum zur Verfügung. Als Sonderausstattung können Sie sich aber auch zwei Kindersitze im Fond einbauen lassen.

Black is beautiful! Der 500 SL mit seiner langen Motorhaube macht sich aus dieser Perspektive noch einmal so schön. Besonders mit geöffnetem Verdeck.

Lange, ausführliche Abhandlungen – über Wartungs- und Pflegedienst, die Zahl der Kundendienststellen (5000 in 174 Ländern), die Qualität des Wagens im Allgemeinen und im Besonderen.

Mercedes-Exclusivität ist wertvoll. Und wirtschaftlich.

Auch die Roadster von Mercedes-Benz sichert das einzigartige Wirtschaftlichkeits-System aus Wertbeständigkeit und Zuverlässigkeit, aus sparsamem Verbrauch und einem außergewöhnlich hohen Wiederverkaufswert.

So stellt die Qualität der SL-Klasse von Mercedes-Benz nicht nur einen Prestige-, sondern vor allem einen Nutzwert dar. Sie bedeutet maximale Funktionssicherheit. Exclusivität, die auf vieltausendfach bewährten Konstruktionen aufbaut. Geringe Reparaturwahrscheinlichkeit – auch durch die Sorgfalt von Fertigung und Verarbeitung, durch die Wahl wertvollster Materialien.

Pflegedienst nur alle 10.000 km, Wartungsdienst nur alle 20.000 km. Dabei umfaßt das Mercedes-Benz Service-Netz in 174 Ländern der Erde rund 5.000 Kundendienststationen. Über 1.000 Stützpunkte davon befinden sich allein in der Bundesrepublik. Ein unschätzbarer Vorteil bei einem Fahrzeug, das zu den selteneren und damit exclusiven Erscheinungen im Straßenbild gehört. Und überall steht das umfassende Paket der Mercedes-Benz Kundendienstleistungen zur Verfügung – von der Sorgfalt und fundierten Kenntnis der Monteure über die Ersatzteilbereitschaft bis zum perfekt organisierten Notdienst.

Zur Individualität des sportlichen Fahrzeugkonzepts haben Sie also mit den Mercedes SL-Typen zusätzlich

etwas Einzigartiges und Beruhigendes: die Mercedes-Qualität der Betreuung.

Der individuelle Grundcharakter dieser Roadster wird stilgerecht unterstrichen durch sinnvolle und exclusive Sonderausstattungen auf vollem Mercedes-Qualitätsniveau. Von der Sitzheizung über die Klimaanlage bzw. Klimatisierungsautomatik bis zu den elektrischen Fensterhebern (beim 500 SL serienmäßig) oder der Scheinwerfer-Reinigungsanlage.

Das Angebot für die Außenlackierung umfaßt insgesamt zehn Farbtöne sowie vierzehn verschiedene Metallic-Lackierungen. Farblich darauf abgestimmt ist die Innenausstattung mit acht Polster- und Raumdessins in Textil oder Leder.

Die Sicherheit der Mercedes-Sportlichkeit.

Nahezu 60 Jahre Entwicklung liegen zwischen dem Einsatz erster spezieller Sicherheitselemente von Daimler-Benz und dem ausgereiften Sicher-

heitssystem der Mercedes-Benz Automobile von heute.

So sind auch bei den Roadstern die Maßnahmen der schützenden passiven Sicherheit mit Konstruktionen der aktiven Sicherheit zu einem Wirkungsverbund vereinigt.

Die aktive Sicherheit: Hohe Beschleunigung, gute Geradeauslauf-Eigenschaften, Kurvenstabilität, gutmütiges Verhalten des Fahrzeugs bei plötzlichen Ausweichmanövern und ein zuverlässiges Bremssystem gehören dazu. Alle SL-Modelle sind serienmäßig mit ABS, dem Anti-Blockier-System, ausgerüstet.

Beispiele für die passive Sicherheit: Wie bei allen Mercedes-PKW ist der vordere Teil der Karosserie als energieaufzehrende Knautschzone ausgebildet. Die besonders starken Vorderwandsäulen sind durch einen kräftigen Bügel über der Windschutzscheibe miteinander verbunden. Der Tank liegt aufprallgeschützt über der Hinterachse.

Dazu kommt die konsequent auf Sicherheit ausgerichtete Gestaltung des Innenraums. Zum Beispiel ist der Rahmen der Frontscheibe dick gepolstert. Die gesamte Armaturenanlage ist stoßnachgiebig gebaut. Alle Knöpfe, Hebel und Schalter sind versenkt bzw. deformierbar gestaltet oder – wie der übrige Innenraum – gepolstert. Die Vordersitze der SL-Typen sind serienmäßig mit elektronisch gesteuerten Gurtstraffern ausgerüstet. Eine Schutzeinrichtung, die es nur bei Mercedes gibt.

Die Sicherheit des Fahrers wird außerdem durch den verformbaren Lenkradkranz, den Pralltopf und die Polsterplatte im Lenkradzentrum weiter gesteigert.

Auf Wunsch werden die SL-Typen auch mit dem elektronisch gesteuerten Airbag von Mercedes-Benz im Lenkrad ausgerüstet.

Aktive und passive Sicherheit im R 107 werden erklärt. Neu: ein Airbag für den Fahrer in der Nabe des Lenkrades.

Entspannte Konzentration durch optimale Fahrerinformation.

Das beginnt bereits mit der guten Rundumsicht durch die Gesamtgestaltung von Fenstern und Karosserie. Die präzise Information setzt sich fort in der ergonomisch richtigen Anordnung aller Betätigungselemente und Instrumente. Griffsicheres Lederlenkrad, alle Hebel, Schalter oder Knöpfe in richtiger Position und optimalem Abstand. Alle Anzeigen klar, eindeutig und unverwechselbar im Blickfeld des Fahrers. Von innen aus – je nach Wagenbelastung – einstellbare Scheinwerfer. Bremsbelag-Verschleißanzeige. Funktions-Kontrolleuchte für das serienmäßige Anti-Blockier-System. Warnsummer bei nicht ausgeschalteter Außenbeleuchtung, beleuchteter Lichtdrehschalter sowie Kontrolleuchten, die den Stand von Motoröl, Kühlmittel und Scheibenwaschmittel sowie die Funktion der Außenbeleuchtung überwachen.

Auf Wunsch: Außentemperatur-Anzeige für noch mehr Fahrsicherheit bei winterlichen Straßenverhältnissen, elektronischer Reiserechner, der Sie mit Informationen über den Fahrbetrieb und die Fahrstrecke versorgt.

Arbeitsplatz in einem Traumwagen ... Hier darf natürlich Wurzelholz nicht fehlen. Als Sonderzubehör bot Daimler-Benz einen »elektronischen Reiserechner« an, der bei anderen Fabrikaten Bordcomputer hieß.

Sportliche Atmosphäre, exclusives Design, vollendeter Komfort.

Entspannung und Fahrvergnügen beginnen mit der richtigen Sitzposition. Die SL-Sitze sind vorbildlich ausgeformt und haben betonten Schalensitzcharakter, der festen seitlichen Halt gibt, ohne daß man sich beengt fühlt. Erstklassige Materialqualität – vom Stahlfederkern über luftdurchlässige Auflagen bis zum wertvollen MB-Tex-, Stoff- oder Lederbezug.

► Die Sitze lassen sich in der Längsrichtung stufenlos verstellen. Die Neigung der Rückenlehnen ist ebenfalls stufenlos einstellbar. Zusätzlich sind Fahrer- und Beifahrersitz in der Höhe verstellbar.

► Großvolumige verstellbare Kopfstützen. Automatische Dreipunkt-Sicherheitsgurte mit elektronisch gesteuerten Gurtstraffern. Ein Maximum an Bequemlichkeit und Sicherheit durch hochliegende Umlenkpunkte der vorderen Gurte.

Die Ausgestaltung des Innenraums: kultiviertes Niveau. Fußraum, Boden und Kofferraum sind mit Teppich ausgekleidet. Wertvolles Material und geschmackvolle Farbabstimmung schaffen eine Atmosphäre der Geborgenheit, die eines der Erfolgsgeheimnisse dieser sportlichen Roadster ist. Die Ruhe im Innenraum: für einen Roadster erstaunlich – auch bei kraftvoller Beschleunigung und zügiger Fahrt. Nicht zuletzt auch durch die Geräuscharmut der Triebwerke. Heizung und Lüftung arbeiten vorbildlich – entscheidend für die Kondition von Fahrer und Beifahrer. Die elektronische Heizungsregelung hält die vorgewählte Innentemperatur unabhängig von den Außentemperaturen automatisch konstant. Belüftungssystem für zugfreie, gleichmäßige und reichliche Zufuhr von Warm- oder Frischluft. Ein »Umluft-Schalter« beschleunigt die Erwärmung im Winter und verhindert im Bedarfsfall weitgehend das Eindringen von Außenluft, ohne daß das Heizungs- und Lüftungssystem ausgeschaltet werden muß.

Die auf Wunsch lieferbare Klimaanlage bzw. Klimatisierungsautomatik ist funktionell in das Heizungssystem integriert. Damit ist neben der Heizleistung auch die Kälteleistung automatisch zu regeln.

Die Sitze waren auch in der Höhe verstellbar. Im Fond des 500 SL gab es nach wie vor nur Platz für Handgepäck oder kleine Kinder. Eine Anschnallpflicht für Hinterbänkler gab es ja noch nicht.

KOMFORTABEL

Wichtiger Hinweis
In den folgenden Kapiteln werden bestimmte Konstruktionsmerkmale unter verschiedenen Überschriften wiederholt. Diese Wiederholungen sind nötig. Denn ein bestimmtes technisches Detail erfüllt oft mehrere Funktionen.

Zum Beispiel die Einzelradführung und -federung. Sie ist entscheidend für:

1. Komfort
Durch ruhiges, ausgeglichenes Fahrverhalten werden Unebenheiten der Straße nicht auf die Karosserie übertragen.

2. Sicherheit
Richtungsstabilität und aktive Fahrsicherheit werden entscheidend beeinflußt.

3. Schnelligkeit
Durch exakten Geradeauslauf und permanente Bodenhaftung der Räder kann die mögliche Geschwindigkeit voll genutzt werden.

Komfort ist mehr als Bequemlichkeit. Mercedes-Benz Komfort ist das wissenschaftlich erarbeitete Zusammenspiel vieler Faktoren mit dem Ziel der Entlastung des Fahrers und der Erhaltung seiner Kondition.
Bereits bei der Entwicklung und Konstruktion wird dieses Zusammenspiel geplant. Fahrwerk, Innenraum, Sitze, Bedienungselemente und vieles andere mehr sind exakt aufeinander abgestimmt und bilden eine untrennbare Einheit.

Mercedes-Benz baut Sitze mit anatomisch richtiger Sitzposition und festem seitlichen Halt

Fahrwerk
- Sichere Bodenhaftung der Antriebsräder, sicheres Kurvenverhalten, spurgenauer Geradeauslauf.
- Einzelradführung und -federung;
vorn: Doppelquerlenker mit Bremsnick-Abstützung;
hinten: Diagonal-Pendelachse mit Bremsniederhaltung.
450 SL: zusätzlicher Anfahrmoment-Ausgleich.
- Komfortable Federung, straffe Dämpfung.
- Vorn und hinten Drehstab-Stabilisatoren, um beim Kurvenfahren unangenehme Karosserieneigungen zu verhindern.
- Hydraulische Teleskopstoßdämpfer mit Gasfüllung.
- Präzise, direkte Übertragung aller Lenkbewegungen auf die Vorderräder durch die Mercedes-Benz Servolenkung bei geringem Kraftaufwand und wenigen Lenkradumdrehungen.
- Lenkungsstoßdämpfer.

Karosserie
- Großzügiger Innenraum bei verkehrsgerechten Außenmaßen;
zwei sich im Grunde widersprechende Forderungen sind durch diese Karosserie optimal erfüllt.
- Kleiner Wendekreis und gute Rundumsicht.
- Große Türen, bequemer Aus- und Einstieg.
- Nichtabhebende Scheibenwischer mit zwei Wischgeschwindigkeiten und Intervallschaltung.
- Weitgehend verschmutzungsfreie Seitenscheiben durch Windschutzsäulen-Profilierung.
- Verschmutzungsunempfindliche Heckleuchten mit integrierter Nebelschlußleuchte.
- Lichtstarke Halogen-Scheinwerfer und -Nebellampen.
- Weiterkennbare Signale.
- Geräumiger Kofferraum, beleuchtet und leicht zu beladen.
- Isolierung gegen Schwingungen und Geräusche durch Trennung von Radaufhängung und Karosserie mit Gummilagerungen.

Innenraum
- Konstruktion von innen nach außen, deshalb größtmögliche Bewegungsfreiheit im Innenraum bei verkehrsgerechten Außenmaßen.
- Niedriger Bedienungsaufwand, so daß der Fahrer nicht ermüdet.
- Logisch und physiologisch richtige Konstruktion und Anordnung aller Schalter und Hebel; Irrtümer bei der Betätigung ausgeschlossen; Handhabung ohne Nachdenken.
- Blendfreie, zentrale Zusammenfassung der Instrumente an der obersten Begrenzung der Armaturenanlage.
- Von innen verstellbarer Außenspiegel.
- Ablageschale, beleuchtetes Handschuhfach, Taschen an den Türen.
- Gepolsterte Armlehnen. Strapazierfähige Teppiche.

Sitze
Erhaltung der Reaktionsfähigkeit des Fahrers durch anatomisch richtige Formgebung und körpergerechte Sitzposition.
- Fester seitlicher Halt.
- Fahrersitz in der Höhe verstellbar.
- Stufenlose Lehnenverstellung.
- Permanente Ableitung der bei der Körperatmung entstehenden Feuchtigkeit.
- Stahlfederkern mit tiefgestaffelter, relativ straffer Federung, deshalb keine ermüdenden Schwingungen.
- Oberschenkel liegen auf der Sitzfläche auf, kein verkrampftes Sitzen.
- Genügend Abstand zum Lenkrad und zur Windschutzscheibe.
- Viel Beinfreiheit, große Kopf- und Schulterfreiheit.

Heizung und Lüftung
- Zugfreier Dauerluftstrom für Warm- und Frischluft mit zusätzlichem Gebläse für Windschutzscheibe, Seitenscheiben und Fußraum.
- Luftmenge und Luftverteilung für Warm- oder Frischluft stufenlos regulierbar nach oben und unten.
- Getrennte Beheizung für rechts und links.
- Stufenlos einstellbare Kugeldüsen mit weitem Schwenkbereich für Warm- oder Frischluft an der Armaturenanlage.
- Große Austrittsöffnungen für Frischluft in der Mitte der Armaturenanlage, stufenlos regulierbar und nach allen Seiten lenkbar.
- Warm- und Frischluft-Führung in beide Türen.
- Dauerentlüftung.

SICHER

Älter als die öffentliche Diskussion über das Thema Sicherheit ist das Verantwortungsbewußtsein von Mercedes-Benz: Schon vor über 30 Jahren wurde hier mit der Sicherheitsforschung begonnen. Seitdem ist ein umfassendes System sich gegenseitig ergänzender Sicherheitsmaßnahmen entwickelt worden.

Sicherheitszapfenschloß

Nur einige Beispiele
- 1939: Entwicklung von Sicherheitselementen im Versuchswagen 11; extrem steifer Boden, dreigeteilte Lenksäule;
- 1949: Sicherheitstürschloß;
- 1951/52: Entwicklung der ersten Sicherheitskarosserie der Welt; extrem gestaltfester Fahrgastraum; verformbare, energieverzehrende Front- und Heckpartie (Knautschzonen).
- 1957: Heizung und Lüftung mit zwangsweiser Entlüftung des Innenraums.
- 1959: Erste Sicherheitskarosserie wird serienmäßig produziert.
- 1963: Serienmäßiges Zweikreis-Servo-Bremssystem.
- 1967: Mercedes-Benz Sicherheitslenkung, der gefürchtete Lanzen-Effekt der Lenksäule wird damit verhindert.
- 1970: Vorstellung des Anti-Blockier-Systems; bei Vollbremsung – auch in Kurven – bleibt das Fahrzeug richtungsstabil und lenkfähig; der Bremsweg wird erheblich verkürzt.

Mercedes-Benz hat aus eigenem Verantwortungsbewußtsein systematische Sicherheitsforschung betrieben. Bereits vor vielen Jahren wurde ein Sicherheitsschema entwickelt, das 1966 in den USA auf einer internationalen Fachkonferenz vorgestellt wurde.
Nach diesem Schema muß Sicherheit in zwei Richtungen wirken:

Aktive Sicherheit
(um Unfälle zu vermeiden).
Dazu gehören starke Motoren, sichere Bremsen und ein spurstabiles Fahrwerk ebenso wie alle Maßnahmen, die den Fahrer fit halten, ihn im Straßenverkehr entlasten und ihm unter allen Bedingungen ein Höchstmaß an Sicherheit geben. Zum Beispiel: komfortable Sitze, Rundumsicht, geringer Bedienungsaufwand.

Passive Sicherheit
(um Unfallfolgen auszuschließen bzw. zu mildern).
Dazu gehören die innere und äußere Sicherheit.

Innere Sicherheit schützt Fahrer und Insassen des eigenen Fahrzeugs.
Sie wird erst möglich durch eine Fülle von Einzelmaßnahmen, die alle aufeinander abgestimmt sind und stufenlos wirksam werden:
- Verformbare, energieverzehrende Front- und Heckpartie (Knautschzonen).
- Sicherheitszapfenschlösser.
- Alle Teile, auf die Insassen aufprallen können, entweder gepolstert, entschärft, versenkt angeordnet oder deformierbar konstruiert.
- Gepolsterte, stufenweise energieverzehrende Armaturenanlage.
- Sicherheitslenkung mit großflächiger Polsterplatte auf der Lenkradnabe; verformbarer Pralltopf unter der Polsterplatte; teleskopartig ineinanderschiebbare Lenksäule; weit hinter der Vorderachse angeordnetes Lenkgetriebe; splitterfreies Lenkrad.
- Gepolsterte Tür- und Dachsäulen.
- Tief in die dicken Polster eingelassene Tragkonstruktionen der Vordersitzlehnen.
- Kopfstützen.
- Sitzlehnen mit breitem Polsterwulst.
- Deformierbare Armlehnen.
- Bei Stoß abspringender Innenspiegel.
- Versenkt angeordnete Türöffner.
- Flexible Haltegriffe.
- Gepolsterte Sonnenblenden.
- Verformbare Mittelkonsole.
- Sicherheitsgurte.
- Umschäumer Mittelschalthebel.

Durch äußere Sicherheit werden Schäden bei anderen Verkehrsteilnehmern gemildert bzw. ausgeschlossen:
- Keine hervorstehenden Teile.
- Die Außenkontur der Karosserie
- ist so gestaltet, daß Fußgänger oder Fahrzeuge bei einem Zusammenstoß nicht hängen bleiben.
Stumpfe Karosseriepartien.
- Runde abweisende Form
- der Stoßstangen mit breitem Gummiwulst.
Abgerundete, entschärfte
- Sicherheitsturgriffe.

Alles »Käse«? Ganz sicher weder beim SL noch beim SLC. Aber wer mit Initialen arbeitet, ...

SCHNELL

Schnelligkeit ist nicht ausschließlich eine Frage der Motorstärke. Um schnell zu fahren und hohe Durchschnittsgeschwindigkeiten zu erzielen, bedarf es der Konditionserhaltung des Fahrers ebenso wie eines Fahrwerks, das die Motorkraft sicher auf die Straße bringt. Das ist der Grund, warum Mercedes-Benz dem Kräfteverhältnis von Motor, Fahrwerk und Bremsen immer seine ganze Aufmerksamkeit gewidmet hat.

Das Fahrwerk ist der Motorkraft absolut überlegen

V8-Motor

- 350 SL:
200 PS/DIN bei 5800 U/min bzw. 147 kW bei 5800/min
- max. Drehmoment
29,2 mkp bei 4000 U/min bzw. 286 Nm bei 4000/min
- 450 SL:
225 PS/DIN bei 5000 U/min bzw. 165 kW bei 5000/min
- max. Drehmoment
38,5 mkp bei 3000 U/min bzw. 378 Nm bei 3000/min
- Hohes Drehmoment im mittleren Drehzahlbereich.
- Obenliegende Nockenwellen.
- Elektronisch gesteuerte Benzin-Einspritzung.
- Transistor-Zündung.
- Kurbelwelle und Pleuelstangen in Mehrstoff-Gleitlager mit Stahlstützschalen gelagert.
- 350 SL:
vollzwangssynchronisiertes 4-Gang-Getriebe mit Mittelschaltung;
- leichtgängige, selbstnachstellende Membranfederkupplung.
- Auf Wunsch: 3-Gang-Wandler-Automatic.
- 450 SL:
serienmäßig 3-Gang-Wandler-Automatic mit Mittelwählhebel.

Fahrwerk

- Vorderachse mit Dreiecks-Querlenkern und Bremsnick-Abstützung.
- Mercedes-Benz Diagonal-Pendelachse mit Bremsnick-Abstützung.
450 SL: zusätzlicher Anfahrmoment-Ausgleich.
- An Vorder- und Hinterachse je zwei Schraubenfedern, je ein Drehstab-Stabilisator, je zwei doppeltwirkende, gasgefüllte hydraulische Teleskopstoßdämpfer mit konstanter Wirkung auch bei extremen Dauerbelastungen.
- Mercedes-Benz Servolenkung.

Sichere Bremsen

- Zweikreis-Servo-Bremssystem.
- Fein dosierbares Abbremsen.
- Bremsnick-Abstützung.
- Spurstabiles Bremsen ohne einseitiges Ziehen.
- Getrennte Bremskreise für vorn und hinten.
- Dauerbelastbare, selbstnachstellende Scheibenbremsen an allen vier Rädern.
- Vordere Bremsscheiben mit Innenbelüftung.
- Felgen mit Turboschaufeln zur zusätzlichen Kühlung.
- Feststellbremse mit zusätzlichen Bremsbacken und Bremstrommeln.

Exakter Geradeauslauf

- Einzelradaufhängung.
- Geringe Sturz- und Spurveränderung.
- Straffe Schwingungsdämpfung.
- Getrennte Federung und Führung der Räder.

Souveräne Kurvenstabilität, Wedelfestigkeit und Unempfindlichkeit gegen Seitenwind

- Neutrales Fahrverhalten.
- Exakt arbeitende, leichtgängige Mercedes-Benz Servolenkung.
- Günstige Achslastverteilung (Motor vorn, Antrieb hinten).
- Breite Spur.
- Langer Radstand.
- Niedriger Schwerpunkt.
- Strömungsgünstige Karosserie.
- Schwerpunkt und Windangriffspunkt liegen dicht zusammen.
- Geringe Karosserieneigung.
- Je ein Drehstab-Stabilisator an Vorder- und Hinterachse.
- Einzelrad-Aufhängung.
- Konstante, feste Bodenhaftung der Räder.
- Straffe Schwingungsdämpfung.

ZUVERLASSIG

Ein Autofahrer muß voraussetzen können, daß sein Fahrzeug jederzeit startbereit ist und problemlos und zuverlässig seinen Dienst tut.
Dieses Wissen gibt dem Fahrer Ruhe und Gelassenheit.
Ein sicher reagierender Fahrer und ein technisch einwandfreier Wagen ergeben ein perfektes Gespann. Zuverlässigkeit entsteht durch ausgereifte Konstruktionen, hochwertige Materialien und präzise Fertigung.

Bessere Bindung der Gußmoleküle des Motorblocks durch eine Spezial-Innenlackierung

Karosserie

- Von Grund auf neu konstruiert unter Anwendung von ESEM.
- ESEM (Elasto-Statik-Element-Methode), ein selbstentwickeltes, neues elektronisches Rechenverfahren, mit dem exakter und schneller gearbeitet werden kann als mit bisherigen Berechnungsmethoden.
- Feste Verschweißung der Rahmen-Bodenanlage mit der selbsttragenden Karosserie, deshalb extrem verwindungssteif.
- Unangenehme Geräusche (Ächzen, Klappern etc.) ausgeschlossen.
- Genau eingepaßte, rahmenlose, voll versenkbare Seitenscheiben.
- Exakt schließende, große Türen (leichtes, bequemes Ein- und Aussteigen).
- Alle Stromverbraucher mit eigener Masseleitung; das ist zwar aufwendig, aber absolut zuverlässig.

Fahrwerk

- Rahmen-Bodenanlage, Mittelträger und kastenförmige Längs- und Querträger durch angeschweißten Stahlblechboden verbunden.
- Vorderachsträger durch Gummilager an den vorderen Rahmenlängsträgern aufgehängt.
- Motor-Getriebeblock vorn auf Vorderachsträger über zwei Gummilager, hinten über ein Gummilager am Rahmen aufliegend.
- Ausfederungsanschlag in den Teleskop-Stoßdämpfern.
- Hydraulische Zweikreis-Bremsen mit Unterdruckverstärker; Scheibenbremsen vorn und hinten.
- Zusätzlich wird jede einzelne Hinterachse nach ihrem Zusammenbau vier verschiedenen Dichtigkeitsprüfungen unterworfen.

Motor

- Verschleißarmer, laufruhiger Kurzhuber.
- Elektronisch gesteuerte Benzin-Einspritzung.
- Start- und Warmlauf-Automatik.
- Transistor-Zündung; die Zündkontakte arbeiten mit sehr niedriger Strombelastung; deshalb geringster Verschleiß und exaktes, zeitgenaues Zünden über sehr lange Zeit.
- Luft-Ölkühler.
- Viskose-Lüfter.
- Obenliegende Nockenwellen ermöglichen drehzahlfreudiges, spurtschnelles Fahren; die besondere Konstruktion der Nocken ergeben eine ausgezeichnete Füllung der Zylinder und einen sehr günstigen Drehmomentverlauf, besonders im unteren Drehzahlbereich.
- Geschmiedete, induktiv gehärtete Kurbelwelle ebenso wie die Pleuelstangen in Mehrstoff-Gleitlagern mit Stahlstützschalen.
- Jedes Ventil dreht sich bei jedem Hub weiter; deshalb sind Durchbrennstellen zwischen Ventilsitz und -teller weitestgehend ausgeschaltet.
- Zwei Ventilfedern für jedes Ventil; sollte eine Feder ausfallen, bleibt das Ventil durch die zweite Feder arbeitsfähig.
- Der Schaft jedes Auslaßventils ist mit Natrium gefüllt; die gepanzerten Ventilsitze werden thermisch stark entlastet.
- Verschleißfeste Ventilsitzringe aus einer Chrom-Nickel-Molybdän-Legierung.

Kaufteile

- Alle Teile, die Mercedes-Benz nicht selbst herstellt, werden vor ihrem Einbau einer unerbittlichen Kontrolle unterzogen, obgleich sie schon beim Hersteller geprüft wurden.
- Stichproben werden zusätzlich auf Prüfständen harten Tests unterzogen, die einer Laufzeit des Wagens von vielen Jahren entsprechen.

... der sollte tunlichst auf Akrostichen achten, auch wenn sie ungewollt entstehen!

Coupé 107 SLC: Geschlossene Gesellschaft

Ein halbes Jahr nach der Präsentation des 350 SL erfolgte die Vorstellung einer Coupéversion als 2+2-Sitzer, also mit deutlich mehr Innenraum als beim nur zweiplätzigen Roadster. Diese C-Variante der Baureihe 107 hatte man bei Daimler-Benz im Gegensatz zur Gepflogenheit anderer Hersteller, die erst ihr Coupé und danach das Cabrio herauszubringen pflegen, bewusst hintan gestellt, obwohl man in Stuttgart sicher wusste, dass für die geschlossene Ausführung große Nachfrage bestand.
Interessenten für den auf dem Pariser Automobilsalon im Oktober 1971 erstmals öffentlich gezeigten 350 SLC mussten sich aber weitere vier Monate gedulden, ehe der ersten Wagen ausgeliefert wurde. Dies hatte triftige, produktionstechnische Gründe, denn der SLC war ja keineswegs nur ein leicht modifizierter SL, sondern wies einen teils erheblich anderen Wagenkörper auf. Die Fahrzeuge glichen sich äußerlich nur im vorderen Bereich, bis zu den Türen.
Das Plus an Platz war nämlich nicht allein durch den Entfall jenes Kastens beim Cabriolet entstanden, der das Verdeck, wenn es geöffnet war, aufnahm. Vielmehr wies der SLC einen um 36 Zentimeter verlängerten Radstand und damit eine größere Wagenlänge auf. Im Fond konnten sich zwei Erwachsene ohne allzu große Beengung auch auf längeren Strecken wohl fühlen. Der hintere Fahrschemel des Wagens war der des W 114/115 (Strich-Acht).
Trotz seiner Länge wirkte das Coupé kompakt und gedrungen; es war kürzer, schmaler und niedriger als ein Coupé der vorhergehenden Baureihe W 111. Eine architektonische Meisterkreation nach klassischem Muster mit langer Motorhaube und kurzem Heck! Auch entbehrte der Dachaufsatz jener konkaven Wölbung, die beim Hardtop des SL noch an die »Pagode« erinnerte. Im Gegenteil: Das Dach war ganz leicht bombiert und entsprach damit der Form der Motorhaube. Bei voll versenkten Seitenscheiben nach US-Hardtop-Manier blieb nur eine in der Neigung der C-Säule geriffelte Blende im hinteren Bereich stehen. Sie war aus transparentem Kunststoff, ließ aber keine Einblicke zu. Der Heckabschluss beim SLC war identisch mit dem des Roadsters.
Praktizierter Leichtbau zeichnete auch den 350 SLC trotz der stabilen Bauweise und des Stahldachs aus. Einschließlich der zusätzlichen Fondsitze war das Coupé nur 50 kg schwerer als das Cabriolet. Doch erst im Oktober 1972 wurde das zulässige Gesamtgewicht von zunächst 1975 auf 2025 kg erhöht, was dringend notwendig gewesen war, wollten vier Personen mit ihrem Gepäck verreisen ... Gleichwohl sah man einen SLC nur selten auch wirklich mit vier Personen besetzt.
Motor, Kraftübertragung und Fahrwerk des 350 SLC entsprachen dem 350 SL. Auch die Innenausstattung war im gleichen Stil gehalten. Und alle Veränderungen, die die SL-Baureihe im Laufe der Zeit erfuhr, vollzogen sich auch beim SLC. So gab es ab März 1973 auch einen 450 SLC und vom Oktober 1974 an einen 280 SLC.
Doch eine Ausnahme bestätigte die Regel. Nicht als Roadster angeboten wurde nämlich der 450 SLC 5.0, ein Auto, das Daimler-Benz ganz bewusst als ein Versuchsmodell bezeichnete, gleichwohl dem Kunden zur Erprobung überließ. Dies mochte ein geschickter Marketing-Schachzug sein, denn selbstverständlich war der 450 SLC mit dem neuen 5,0-Liter-Leichtmetall-V8 im Werk längst gründlich getestet worden, bevor er im Mai 1978 zum Verkauf kam. Der Motor basierte in seiner Spezifikation auf dem Grauguss-4,5-Liter mit gleichem Hub, wies jedoch 97 statt 92 mm Bohrung auf und hatte dementsprechend 5025 ccm Hubraum. Erst im April 1980 bekam dieses Auto die Bezeichnung 500 SLC, doch dessen Motor war nicht mit dem des 450 SLC 5.0 identisch: Bei verringerter Bohrung hatte dessen Triebwerk nur 4973 ccm Hubraum.
Im Unterschied zum Roadster lieferte man den SLC 5,0 Liter mit Leichtmetallfelgen der Firma Fuchs aus; die Reifendimension war indessen die der anderen V8-Modelle. Es gab jedoch einen weiteren Unterschied zum 350 SL: Motorhaube, Kofferraumdeckel und Stoßstangen waren nicht aus Stahlblech, sondern aus Aluminium hergestellt. Wie beim Roadster gab es auch beim SLC die schwarze, aufgesetzte Abrisskante aus synthetischem Kautschuk auf der Kante des Heckdeckels. Auf Wunsch erhielt der Kunde seinen Fünfliter auch ohne dieses Accessoire (wie ab September 1972 auch ohne Typenbezeichnung am Heck).
Im Laufe der Jahre nahm das Angebot an passiver und aktiver Sicherheitsausstattung zu. So bot Daimler-Benz ab 1980 ein Antiblockiersystem an (damals noch aufpreispflichtig) und ab 1982 einen Airbag für den Fahrer. Wie üblich, hatte die Liste der Ausstattungsextras einen erheblichen Umfang und konnte den Preis des Wagens bis zu einem Viertel erhöhen. Radio, Klimaanlage, elektrische Fensterheber und Sitzheizung waren die am häufigsten bestellten Extras. Ein B-Netz-Autotelefon – welch ein Prestige-Zubehör! – wurde ebenfalls angeboten.
Ab 1980 war der 380 ebenfalls als SLC zu bekommen, ihn gab es wie den 280 SLC und den 500 SLC bis September 1981. Die Bauzeit der Coupés war also wesentlich kürzer als die der Roadster, denn sie erhielten durch die SEC-Baureihe (C 126) ihre nahtlos vorgenommene Ablösung. Mit 62.888 gebauten Exemplaren gegenüber 237.286 Roadstern verkörpert ein SLC damit auch den höheren Seltenheitswert. Die Gesamtzahl aller produzierten SL und SLC (siehe Tabelle) belief sich auf 300.174 Stück.

Mercedes-Benz.
Ihr guter Stern
auf allen Straßen.

Mercedes-Benz – die Sicherheit, besser zu fahren

Die SLC-Modelle von Mercedes-Benz werden gebaut für diejenigen Fahrer, die den großzügigen Innenraum der Mercedes-Benz Limousinen, ihren Komfort und ihre Ruhe schätzen, die aber andererseits den unverwechselbaren Charakter der sportlich-schnellen SL-Modelle nicht vermissen möchten. Die Coupés unterscheiden sich dennoch deutlich von den verwandten, sportlichen SL-Typen: Die Seitenlinie erscheint gestreckter, Heck und Seitenfenster wirken großzügiger. Der erste Eindruck täuscht nicht: Radstand, Fahrzeuglänge und Innenraum sind wesentlich größer. 36 cm in der Gesamtlänge sind nicht zu übersehen.

Vier Personen haben bequem Platz. Die Sitzbank im Fond mit herausklappbarer Mittelarmlehne macht diese Wagen zu einer idealen Kombination von sportlichem Coupé und komfortablem Reisewagen. Das beweist auch der große Kofferraum.

Doch die SLC-Modelle sind mehr: gebändigte, leicht beherrschbare Kraftpakete. Durch enge Kurven ziehen sie wie auf Schienen.
Bei einer Bummelfahrt mit 50 km/h pendelt der Drehzahlmesser um 2000 bis 2500 U/min – 4000 weitere Umdrehungen bleiben in Reserve, jederzeit in Bruchteilen von Sekunden aktivierbar.
Bei Autobahn-Einfahrten wird ohne Behinderung in den fließenden Verkehr eingefädelt. Autobahnsteigungen werden ohne Geschwindigkeitsverlust genommen. Überholvorgänge sind in kürzester Zeit abgeschlossen.

Die SLC-Modelle wirken zwar auf den Betrachter aufregend interessant; der Fahrer dagegen spürt nichts dergleichen. Er genießt nur unvergleichlichen Fahrkomfort und sichere Kraftbeherrschung.

Mit diesen Wagen hat Mercedes-Benz sichergestellt, daß Autofahren möglichst wenig Anstrengung bedeutet. Sie entlasten den Fahrer durch ihre einzigartige Synthese von funktionsgerechtem Komfort, Fahrsicherheit und Fahreigenschaften.

Erster und wie stets dezenter Auftritt des neuen Coupés in einem Katalog. Der C 107 alias SLC sei ein gebändigtes, leicht beherrschbares Kraftpaket für Menschen, die den Komfort einer Limousine schätzten, heißt es im Text.

Die Formgebung des Dachaufsatzes unterstrich die Keilform der Karosserie. Bei heruntergekurbelten hinteren Scheiben entstand der »amerikanische« Hardtop-Effekt.

Warum ist das von so großer Bedeutung?

In hochmotorisierten Ländern steckt der einzelne Autofahrer zwangsläufig in einem dichten Verkehrsfluß. Allein auf den Straßen der Bundesrepublik Deutschland fahren zum Beispiel 18 Millionen Pkw. Hier wie in allen anderen Ländern sehen sich die Autofahrer mit Erwartungen, Ermahnungen, Appellen und Gesetzen konfrontiert. Diese Situation erzeugt Streß, von dem der Autofahrer befreit werden muß.

Einen wichtigen Beitrag dazu können Automobil-Konstrukteure leisten, indem sie Fahrzeuge bauen, die durch überlegene Technik besser zur Hand gehen. Solche Wagen sind, in Verbindung mit verantwortungsbewußten Fahrern, eine unabdingbare Voraussetzung für die Entkrampfung und Harmonisierung des Verkehrs, für ein menschliches Miteinander auf den Straßen. Die SLC-Modelle werden gebaut für den bewußt sportlich-fairen Fahrer, der rücksichtsvoll und aufmerksam zugleich seine Chancen im Verkehr nutzen und zügig vorankommen will. Dabei geht der Vorsprung dieser Fahrer nicht zu Lasten anderer Verkehrsteilnehmer.

Deshalb baut Mercedes-Benz Automobile, die sich grundlegend vom übrigen Angebot sportlicher Fahrzeuge unterscheiden.

Freude am Auto und Spaß am Autofahren heißt Vertrauen in das Automobil. Sie finden deshalb in jedem Wagen, der den Stern trägt, die Mercedes-Benz Forderung verwirklicht, technische Perfektion zu bieten. In Summe und Detail.
Das System der technischen Gesamtüberlegenheit von Mercedes-Benz ist in seiner Synthese einmalig:

1. Der Mercedes-Benz Komfort

Mercedes-Benz Pkw sind so gebaut, daß sie die psychische und physische Belastung des Verkehrs vom Fahrer weitgehend fernhalten. Die harmonisch abgestimmte Federung – einschließlich der Sitze – die blendfreien, mit einem Blick überschaubaren Instrumente gehören ebenso dazu wie die Servounterstützung der

Sportlich ausgelegte, gleichwohl ganz unter Sicherheitsaspekten konzipierte Technik präge den Charakter des SLC, heißt es hier. Gut formulierte Argumente lohnten ein Auswendiglernen...

Und immer wieder die Herausstellung, dass sich Daimler-Benz früher als alle anderen mit Sicherheitsfragen beschäftigt habe (interessant, dass man das Unternehmen als »Mercedes-Benz« bezeichnet: so hieß, genau genommen, nur das Produkt, nicht die Firma).

Lenkung und der Scheibenbremsen. Der luxuriös ausgestattete Innenraum, in dem man sich sofort wohlfühlt, ebenso wie die Ruhe während des Fahrens. Das komplette System der Konditionssicherheit bewirkt Entspannung und beseitigt Anspannung, auf die wohl jeder Autofahrer heute gern verzichtet.

2. Die Mercedes-Benz Sicherheit

Früher und systematischer als alle anderen hat sich Mercedes-Benz wissenschaftlich mit der Sicherheit auseinandergesetzt. Sehr bald wurde erkannt, daß nicht durch aktive oder passive Sicherheit allein das Ziel erreicht wird, sondern nur durch beides zusammen in einem sich gegenseitig ergänzenden System. Zu leichte und laute, auf Durchsetzung ausgelegte Fahrzeuge mit einseitig wirkender aktiver Sicherheit haben in diesem System keinen Platz. Das gilt besonders für Sportwagen, bei denen die Sicherheit häufig völlig vernachlässigt wird. Die SLC-Modelle von Mercedes-Benz nehmen im Zusammenspiel von aktiver und passiver Sicherheit eine Sonderstellung ein. Ein beruhigendes Gefühl für den Fahrer.

3. Die Qualität, Zuverlässigkeit und Wertbeständigkeit von Mercedes-Benz.

Die solide Konstruktion, die Qualität der verwendeten Materialien und der hohe Verarbeitungsstandard, verbunden mit der bekannten Modellkonstanz, die keinen Modellwechsel nur um der Mode willen kennt, geben Ihnen die Gewißheit, daß Sie ein wertbeständiges Fahrzeug besitzen. Darüber hinaus ist es ein beruhigendes Gefühl einen Wagen zu fahren, der für seine sprichwörtliche Zuverlässigkeit bekannt ist.

Machen Sie sich auf den folgenden Seiten mit dem Mercedes-Benz System der technischen Gesamtüberlegenheit vertraut. Bedenken Sie bitte, daß dieses System mehr ist als eine Summe von Einzelfakten. Leider können wir Ihnen das Zusammenspiel der einzelnen Konstruktionselemente nicht zeigen. Das müssen Sie im ursprünglichen Sinn »erfahren«. Am besten auf einer ausgedehnten Probefahrt. Sie werden feststellen, daß Mercedes-Benz Personenwagen Ihnen etwas geben, was im heutigen Straßenverkehr sehr wichtig geworden ist: Freiheit und Gelassenheit.

Im Unterschied zum SL bot der SLC im Fond mehr Raum. Man konnte von einem Viersitzer sprechen, und die Behauptung, man habe auf den Rücksitzen »bequem« Platz, durfte man durchaus gelten lassen.

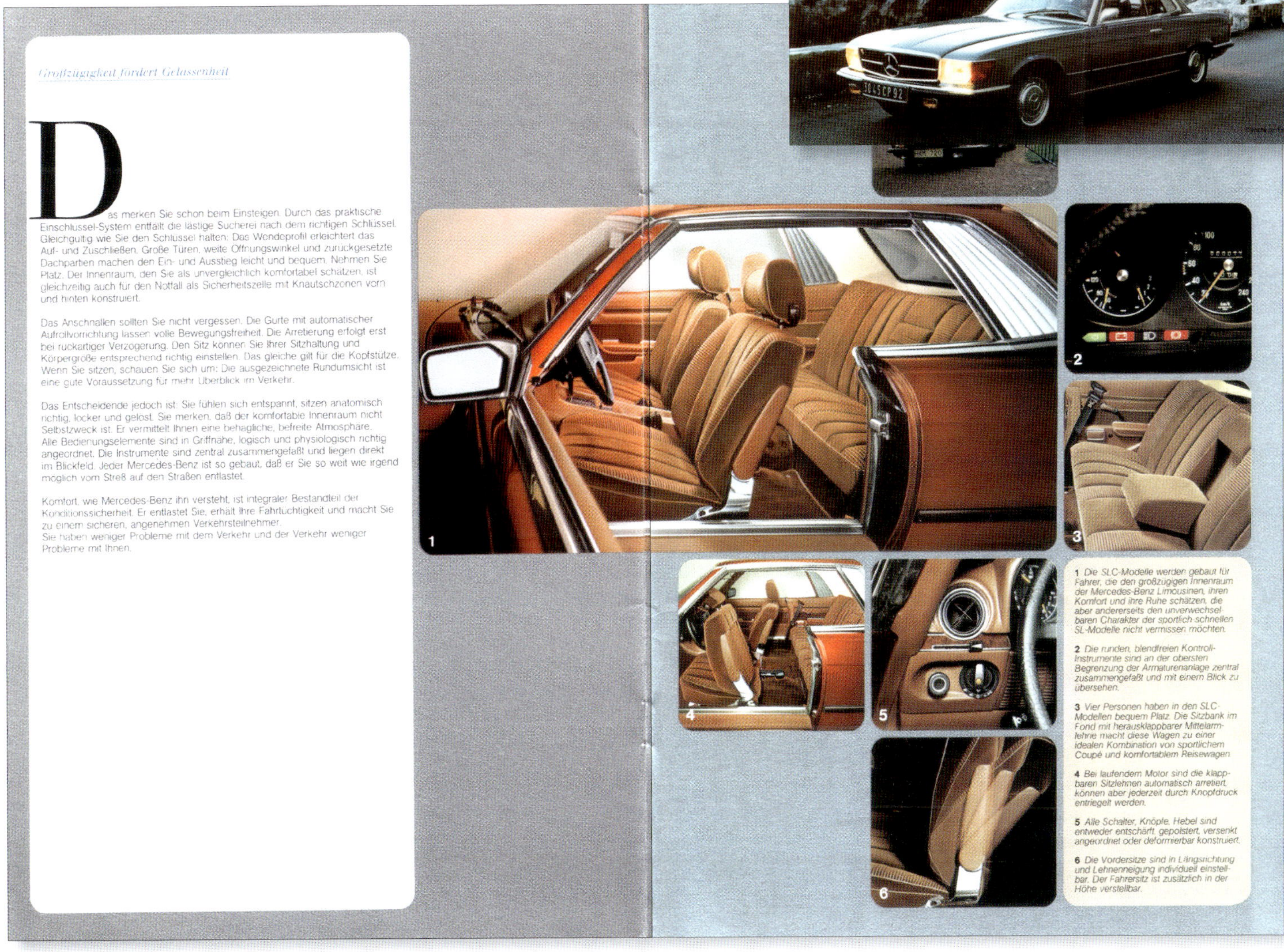

Großzügigkeit fördert Gelassenheit

Das merken Sie schon beim Einsteigen. Durch das praktische Einschlussel-System entfällt die lästige Sucherei nach dem richtigen Schlüssel. Gleichgultig wie Sie den Schlüssel halten: Das Wendeprofil erleichtert das Auf- und Zuschließen. Große Türen, weite Offnungswinkel und zurückgesetzte Dachpartien machen den Ein- und Ausstieg leicht und bequem. Nehmen Sie Platz. Der Innenraum, den Sie als unvergleichlich komfortabel schätzen, ist gleichzeitig auch für den Notfall als Sicherheitszelle mit Knautschzonen vorn und hinten konstruiert.

Das Anschnallen sollten Sie nicht vergessen. Die Gurte mit automatischer Aufrollvorrichtung lassen volle Bewegungsfreiheit. Die Arretierung erfolgt erst bei ruckartiger Verzögerung. Den Sitz können Sie Ihrer Sitzhaltung und Körpergröße entsprechend richtig einstellen. Das gleiche gilt für die Kopfstütze. Wenn Sie sitzen, schauen Sie sich um: Die ausgezeichnete Rundumsicht ist eine gute Voraussetzung für mehr Überblick im Verkehr.

Das Entscheidende jedoch ist: Sie fühlen sich entspannt, sitzen anatomisch richtig, locker und gelöst. Sie merken, daß der komfortable Innenraum nicht Selbstzweck ist. Er vermittelt Ihnen eine behagliche, befreite Atmosphäre. Alle Bedienungselemente sind in Griffnähe, logisch und physiologisch richtig angeordnet. Die Instrumente sind zentral zusammengefaßt und liegen direkt im Blickfeld. Jeder Mercedes-Benz ist so gebaut, daß er Sie so weit wie irgend möglich vom Streß auf den Straßen entlastet.

Komfort, wie Mercedes-Benz ihn versteht, ist integraler Bestandteil der Konditionssicherheit. Er entlastet Sie, erhält Ihre Fahrtüchtigkeit und macht Sie zu einem sicheren, angenehmen Verkehrsteilnehmer.
Sie haben weniger Probleme mit dem Verkehr und der Verkehr weniger Probleme mit Ihnen.

1 *Die SLC-Modelle werden gebaut für Fahrer, die den großzügigen Innenraum der Mercedes-Benz Limousinen, ihren Komfort und ihre Ruhe schätzen, die aber andererseits den unverwechselbaren Charakter der sportlich-schnellen SL-Modelle nicht vermissen möchten.*

2 *Die runden, blendfreien Kontroll-Instrumente sind an der obersten Begrenzung der Armaturenanlage zentral zusammengefaßt und mit einem Blick zu übersehen.*

3 *Vier Personen haben in den SLC-Modellen bequem Platz. Die Sitzbank im Fond mit herausklappbarer Mittelarmlehne macht diese Wagen zu einer idealen Kombination von sportlichem Coupé und komfortablem Reisewagen.*

4 *Bei laufendem Motor sind die klappbaren Sitzlehnen automatisch arretiert, können aber jederzeit durch Knopfdruck entriegelt werden.*

5 *Alle Schalter, Knöpfe, Hebel sind entweder entschärft, gepolstert, versenkt angeordnet oder deformierbar konstruiert.*

6 *Die Vordersitze sind in Längsrichtung und Lehnenneigung individuell einstellbar. Der Fahrersitz ist zusätzlich in der Höhe verstellbar.*

Der Hinweis auf die berühmte Diagonal-Pendelachse oder die Verformbarkeit von Bug und Heck durch Knautschzonen ist sehr dezent. Die rahmenlosen Scheiben ließen sich zur Gänze versenken.

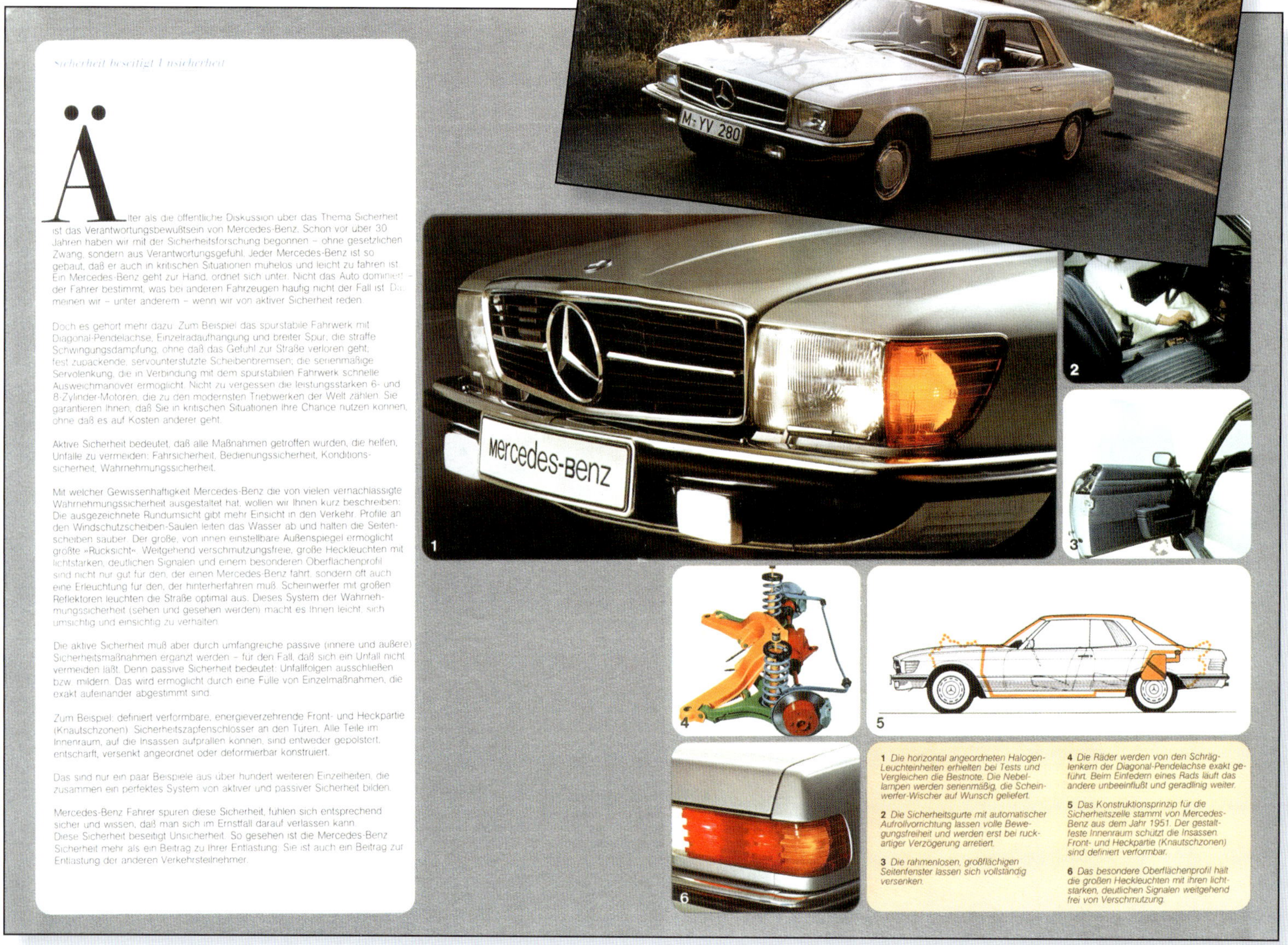

Sicherheit beseitigt Unsicherheit

Älter als die öffentliche Diskussion über das Thema Sicherheit ist das Verantwortungsbewußtsein von Mercedes-Benz. Schon vor über 30 Jahren haben wir mit der Sicherheitsforschung begonnen – ohne gesetzlichen Zwang, sondern aus Verantwortungsgefühl. Jeder Mercedes-Benz ist so gebaut, daß er auch in kritischen Situationen mühelos und leicht zu fahren ist. Ein Mercedes-Benz geht zur Hand, ordnet sich unter. Nicht das Auto dominiert – der Fahrer bestimmt, was bei anderen Fahrzeugen häufig nicht der Fall ist. Das meinen wir – unter anderem – wenn wir von aktiver Sicherheit reden.

Doch es gehört mehr dazu. Zum Beispiel das spurstabile Fahrwerk mit Diagonal-Pendelachse, Einzelradaufhängung und breiter Spur; die straffe Schwingungsdämpfung, ohne daß das Gefühl zur Straße verloren geht; fest zupackende, servounterstützte Scheibenbremsen; die serienmäßige Servolenkung, die in Verbindung mit dem spurstabilen Fahrwerk schnelle Ausweichmanöver ermöglicht. Nicht zu vergessen die leistungsstarken 6- und 8-Zylinder-Motoren, die zu den modernsten Triebwerken der Welt zählen. Sie garantieren Ihnen, daß Sie in kritischen Situationen Ihre Chance nutzen können, ohne daß es auf Kosten anderer geht.

Aktive Sicherheit bedeutet, daß alle Maßnahmen getroffen wurden, die helfen, Unfälle zu vermeiden: Fahrsicherheit, Bedienungssicherheit, Konditionssicherheit, Wahrnehmungssicherheit.

Mit welcher Gewissenhaftigkeit Mercedes-Benz die von vielen vernachlässigte Wahrnehmungssicherheit ausgestaltet hat, wollen wir Ihnen kurz beschreiben: Die ausgezeichnete Rundumsicht gibt mehr Einsicht in den Verkehr. Profile an den Windschutzscheiben-Säulen leiten das Wasser ab und halten die Seitenscheiben sauber. Der große, von innen einstellbare Außenspiegel ermöglicht größte »Rücksicht«. Weitgehend verschmutzungsfreie, große Heckleuchten mit lichtstarken, deutlichen Signalen und einem besonderen Oberflächenprofil sind nicht nur gut für den, der einen Mercedes-Benz fährt, sondern oft auch eine Erleuchtung für den, der hinterherfahren muß. Scheinwerfer mit großen Reflektoren leuchten die Straße optimal aus. Dieses System der Wahrnehmungssicherheit (sehen und gesehen werden) macht es Ihnen leicht, sich umsichtig und einsichtig zu verhalten.

Die aktive Sicherheit muß aber durch umfangreiche passive (innere und äußere) Sicherheitsmaßnahmen ergänzt werden – für den Fall, daß sich ein Unfall nicht vermeiden läßt. Denn passive Sicherheit bedeutet: Unfallfolgen ausschließen bzw. mildern. Das wird ermöglicht durch eine Fülle von Einzelmaßnahmen, die exakt aufeinander abgestimmt sind.

Zum Beispiel: definiert verformbare, energieverzehrende Front- und Heckpartie (Knautschzonen). Sicherheitszapfenschlösser an den Türen. Alle Teile im Innenraum, auf die Insassen aufprallen können, sind entweder gepolstert, entschärft, versenkt angeordnet oder deformierbar konstruiert.

Das sind nur ein paar Beispiele aus über hundert weiteren Einzelheiten, die zusammen ein perfektes System von aktiver und passiver Sicherheit bilden.

Mercedes-Benz Fahrer spüren diese Sicherheit, fühlen sich entsprechend sicher und wissen, daß man sich im Ernstfall darauf verlassen kann. Diese Sicherheit beseitigt Unsicherheit. So gesehen ist die Mercedes-Benz Sicherheit mehr als ein Beitrag zu Ihrer Entlastung: Sie ist auch ein Beitrag zur Entlastung der anderen Verkehrsteilnehmer.

1 *Die horizontal angeordneten Halogen-Leuchteinheiten erhielten bei Tests und Vergleichen die Bestnote. Die Nebellampen werden serienmäßig, die Scheinwerfer-Wischer auf Wunsch geliefert.*

2 *Die Sicherheitsgurte mit automatischer Aufrollvorrichtung lassen volle Bewegungsfreiheit und werden erst bei ruckartiger Verzögerung arretiert.*

3 *Die rahmenlosen, großflächigen Seitenfenster lassen sich vollständig versenken.*

4 *Die Räder werden von den Schräglenkern der Diagonal-Pendelachse exakt geführt. Beim Einfedern eines Rads läuft das andere unbeeinflußt und geradlinig weiter.*

5 *Das Konstruktionsprinzip für die Sicherheitszelle stammt von Mercedes-Benz aus dem Jahr 1951. Der gestaltfeste Innenraum schützt die Insassen. Front- und Heckpartie (Knautschzonen) sind definiert verformbar.*

6 *Das besondere Oberflächenprofil hält die großen Heckleuchten mit ihren lichtstarken, deutlichen Signalen weitgehend frei von Verschmutzung.*

Entspannung beseitigt Anspannung

Es gibt Autos, die es ihrem Fahrer schwer machen, sich zivilisiert zu verhalten. Weil ihre Konstrukteure zwar das Problem gelöst haben, möglichst schnell auf 200 km/h zu kommen. Aber nicht das Problem, nach 6 Stunden Fahrt bei mittlerem Tempo noch frisch anzukommen.

Deshalb ist Spitzengeschwindigkeit allein bei Mercedes-Benz noch nie ein Konstruktionsziel gewesen, sondern ausschließlich die perfekte Synthese von Fahrleistung, Sicherheit und Fahrkomfort. Nur konditionell unbelastete Fahrer können eine positive Rolle im Verkehr übernehmen.

Mercedes-Benz Fahrer schätzen die Fahrleistungen ihres Wagens. Weil sie kein Selbstzweck sind, sondern die Voraussetzung bieten, die eigenen Chancen im Verkehr besser wahrzunehmen. Andererseits machen sie es leicht, zugunsten anderer souverän auf sie zu verzichten. Wer stark ist, muß dies nicht ständig sich selbst und anderen beweisen.

Je nach Temperament des Fahrers stehen verschiedene, fein abgestufte Motorleistungen zur Verfügung: Reihen-Sechszylinder mit zwei obenliegenden Nockenwellen oder V 8-Motoren. Entscheidend ist aber nicht die PS-Zahl, sondern die spielerisch leichte Art der Kraftentfaltung. Wie diese Kraft in Fahrleistung umgesetzt wird, kann man nicht beschreiben. Man muß sie »erfahren«. Das gleiche gilt für die leichte, sichere Beherrschbarkeit des Fahrzeugs, für den Bedienungskomfort, den Raum- und Sitzkomfort. Verkehrsgerechte, exakt überschaubare Außenmaße, ein kleiner Wendekreisdurchmesser, verbunden mit der präzisen, leichtgängigen Servolenkung, machen schnelle Fahr- oder Ausweichmanöver problemlos.

In einem Mercedes-Benz spüren Sie, daß sich die Hektik des Verkehrs nicht auf Sie überträgt. Alle nur denkbaren Maßnahmen sind getroffen worden, um Sie konditionell topfit zu halten, denn Kondition fördert Kooperation. Ein wichtiger Beitrag von Mercedes-Benz zur Aufrechterhaltung eines menschlichen, individuellen Straßenverkehrs.

1 *Alle drei SLC-Modelle werden serienmäßig mit der Mercedes-Benz Servolenkung ausgestattet. Die hydraulische Lenkunterstützung wächst mit dem erforderlichen Kraftaufwand, zum Beispiel beim Einparken oder in engen Kurven. Stets bleibt jedoch der volle Fahrbahnkontakt erhalten. Alle Lenkbewegungen werden direkt und präzise auf die Vorderräder übertragen. Der 450 SLC wird serienmäßig, die Modelle 280/350 SLC werden auf Wunsch mit der Mercedes-Benz Automatic geliefert.*

2 *Die großen, parallellaufenden Scheibenwischer mit zwei Wischgeschwindigkeiten und Intervallschaltung liegen im strömungsgünstigen Bereich und heben auch bei Höchstgeschwindigkeit nicht ab.*

3 *Der großflächige Außenspiegel ist bei geschlossenem Seitenfenster von innen einstellbar. Ein zusätzlicher rechter Spiegel kann auf Wunsch geliefert werden.*

4 *Niedriger Schwerpunkt, breite Spur, langer Radstand und perfekte Achskonstruktionen (Diagonal-Pendelachse hinten, Vorderachse mit Doppelquerlenkern) sind mitbestimmend für den unübertroffenen Fahrkomfort. (Auf Wunsch lieferbar: Leichtmetall-Felgen).*

Entspannung beseitigt Anspannung

Corniche de l'Esterel an der Côte d'Azur, Frankreich

In allen Teilen ein klassischer Mercedes-Benz. Das Coupé war ein Reisewagen per excellence, ein Grand Touring. Viele Interieur-Details entsprachen denen in den Limousinen.

Weitere Innenseiten aus dem rauen SLC-Prospekt. In ihm ist übrigens von »nur« 170 Ländern die Rede, in denen die Marke Mercedes-Benz vertreten ist.

Zuverlässigkeit erzeugt Zufriedenheit

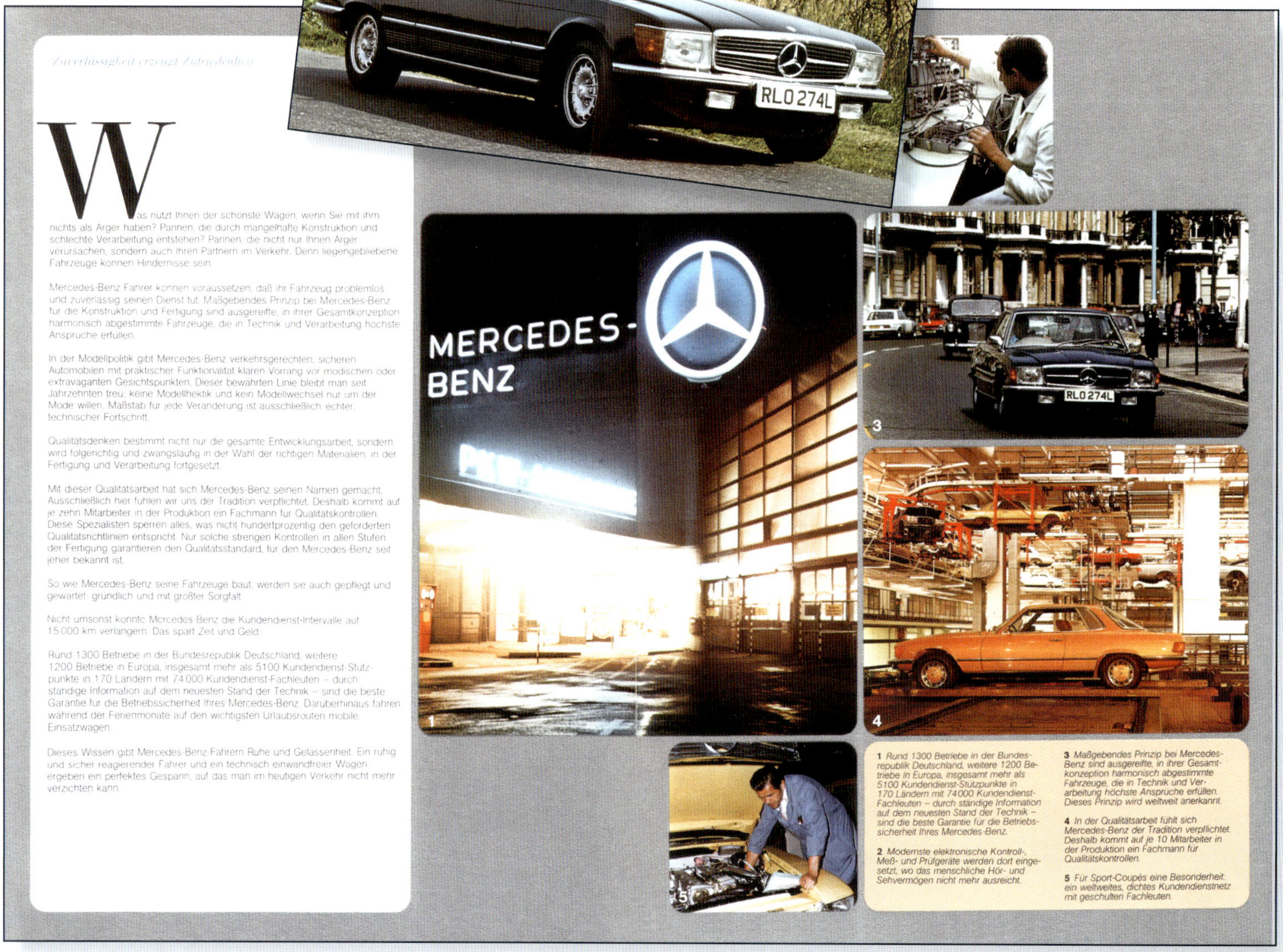

Zuverlässigkeit erzeugt Zufriedenheit

Was nutzt Ihnen der schönste Wagen, wenn Sie mit ihm nichts als Arger haben? Pannen, die durch mangelhafte Konstruktion und schlechte Verarbeitung entstehen? Pannen, die nicht nur Ihnen Arger verursachen, sondern auch Ihren Partnern im Verkehr. Denn liegengebliebene Fahrzeuge konnen Hindernisse sein.

Mercedes-Benz Fahrer konnen voraussetzen, daß ihr Fahrzeug problemlos und zuverlassig seinen Dienst tut. Maßgebendes Prinzip bei Mercedes-Benz fur die Konstruktion und Fertigung sind ausgereifte, in ihrer Gesamtkonzeption harmonisch abgestimmte Fahrzeuge, die in Technik und Verarbeitung hochste Anspruche erfullen.

In der Modellpolitik gibt Mercedes-Benz verkehrsgerechten, sicheren Automobilen mit praktischer Funktionalitat klaren Vorrang vor modischen oder extravaganten Gesichtspunkten. Dieser bewährten Linie bleibt man seit Jahrzehnten treu; keine Modellhektik und kein Modellwechsel nur um der Mode willen. Maßstab fur jede Veranderung ist ausschließlich echter, technischer Fortschritt.

Qualitätsdenken bestimmt nicht nur die gesamte Entwicklungsarbeit, sondern wird folgerichtig und zwangslaufig in der Wahl der richtigen Materialien, in der Fertigung und Verarbeitung fortgesetzt.

Mit dieser Qualitatsarbeit hat sich Mercedes-Benz seinen Namen gemacht. Ausschließlich hier fuhlen wir uns der Tradition verpflichtet. Deshalb kommt auf je zehn Mitarbeiter in der Produktion ein Fachmann fur Qualitätskontrollen. Diese Spezialisten sperren alles, was nicht hundertprozentig den geforderten Qualitätsrichtlinien entspricht. Nur solche strengen Kontrollen in allen Stufen der Fertigung garantieren den Qualitätsstandard, fur den Mercedes-Benz seit jeher bekannt ist.

So wie Mercedes-Benz seine Fahrzeuge baut, werden sie auch gepflegt und gewartet: gründlich und mit größter Sorgfalt.

Nicht umsonst konnte Mercedes-Benz die Kundendienst-Intervalle auf 15 000 km verlangern. Das spart Zeit und Geld.

Rund 1300 Betriebe in der Bundesrepublik Deutschland, weitere 1200 Betriebe in Europa, insgesamt mehr als 5100 Kundendienst-Stutzpunkte in 170 Landern mit 74 000 Kundendienst-Fachleuten – durch standige Information auf dem neuesten Stand der Technik – sind die beste Garantie fur die Betriebssicherheit Ihres Mercedes-Benz. Daruberhinaus fahren wahrend der Ferienmonate auf den wichtigsten Urlaubsrouten mobile Einsatzwagen.

Dieses Wissen gibt Mercedes-Benz Fahrern Ruhe und Gelassenheit. Ein ruhig und sicher reagierender Fahrer und ein technisch einwandfreier Wagen ergeben ein perfektes Gespann, auf das man im heutigen Verkehr nicht mehr verzichten kann.

1 Rund 1300 Betriebe in der Bundesrepublik Deutschland, weitere 1200 Betriebe in Europa, insgesamt mehr als 5100 Kundendienst-Stützpunkte in 170 Ländern mit 74 000 Kundendienst-Fachleuten – durch ständige Information auf dem neuesten Stand der Technik – sind die beste Garantie für die Betriebssicherheit Ihres Mercedes-Benz.

2 Modernste elektronische Kontroll-, Meß- und Prüfgeräte werden dort eingesetzt, wo das menschliche Hör- und Sehvermögen nicht mehr ausreicht.

3 Maßgebendes Prinzip bei Mercedes-Benz sind ausgereifte, in ihrer Gesamtkonzeption harmonisch abgestimmte Fahrzeuge, die in Technik und Verarbeitung höchste Ansprüche erfüllen. Dieses Prinzip wird weltweit anerkannt.

4 In der Qualitätsarbeit fühlt sich Mercedes-Benz der Tradition verpflichtet. Deshalb kommt auf je 10 Mitarbeiter in der Produktion ein Fachmann für Qualitätskontrollen.

5 Für Sport-Coupés eine Besonderheit: ein weltweites, dichtes Kundendienstnetz mit geschulten Fachleuten.

Der 350 SLC war eigentlich kein Feld-, Wald- und Wiesenauto... Der hintere, gefächerte Seiteneinsatz im Dach war halb transparent in soweit, als man aus dem Wagen herausschauen, aber von außen nicht hineinsehen konnte.

Bevor es einen 500 SLC gab, trug der ab Mai 1978 angebotene Fünf-Liter-Wagen die Bezeichnung 450 SLC 5.0; eine Roadster-Variante war zunächst nicht erhältlich.

Orthopädische Sitze: Gut für die Wirbelsäule auf langen Fahrstrecken. Besonders ältere Kunden wussten die Annehmlichkeit der Wirbellendenstütze sehr zu schätzen.

In klassischer Manier zeigt man auch hier die Front-, Seiten- und Heckperspektive. Im Vergleich zu späteren Konstruktionen kam der Hundertsiebener noch etwas hochbeinig daher.

Einstiegsseite des ersten Kataloges für den 350 SLC: Schlicht und vornehm, nur einen Ausschnitt der Wagenfront zeigend.

Auf der Seite mit den Technischen Daten zum 350 SL nimmt das Kleingedruckte zu Leistung und Verbrauch beinahe ebenso viel Platz ein wie der Datenteil selbst.

TECHNISCHE DATEN

Mercedes-Benz 350 SLC	
Zahl der Zylinder	8
Bohrung/Hub	92/65,8 mm
Gesamthubraum	3499 cm³
Motorleistung nach DIN ¹)	200 PS bei 5800 U/min
Motorleistung nach SAE	230 gr. HP bei 6050 U/min
Max. Drehmoment nach DIN ¹)	29,2 mkp bei 4000 U/min
Max. Drehmoment nach SAE	32,0 mkp bei 4200 U/min
Verdichtung	9,5
Ölfüllung Kurbelgehäuse max./min.	7,5/5,5 Liter
Inhalt des Kühlsystems	14,3 Liter
Lichtmaschine	14 V/55 A
Batterie	12 V/66 Ah
Höchstgeschwindigkeit	ca. 210 km/h
Reifen, mit Schlauch	205/70 VR 14
Kraftstoff	Super
Kraftstoffverbrauch nach DIN 70 030 ²)	13,0 Liter/100 km
Tankinhalt	90 Liter
davon Reserve	ca. 13 Liter
Fahrzeuggewicht fahrfertig	1595 kg
Zulässiges Gesamtgewicht	1975 kg
Anhängelast, gebremst ³)	1200 kg
Anhängelast, ungebremst ³)	750 kg

¹) Die angegebene Leistung in PS/DIN ist nach Abzug aller Nebenleistungen an der Kupplung für den Antrieb effektiv verfügbar. Bei der Leistungsangabe in gr. HP/SAE sind die Leistungsaufnahmen der zum Motorbetrieb nicht erforderlichen Nebenaggregate unberücksichtigt.

²) Laut VDA-Revers technische Angaben entsprechend DIN 70 020 und 70 030. Kraftstoffverbrauch nach DIN 70 030. Dieser Wert wird ermittelt bei konstanter Geschwindigkeit von 110 km/h auf ebener Fahrbahn und einem Zuschlag von 10 %. Dieses Meßverfahren verwenden alle Automobil-Hersteller in der Bundesrepublik Deutschland. Die angegebenen Verbrauchswerte werden also unter gleichen Bedingungen ermittelt und sind damit echt vergleichbar. Sie entsprechen jedoch nicht dem tatsächlichen Fahrverbrauch, denn dieser ist je nach Fahrweise, Straßenzustand, klimatischen Verhältnissen etc. verschieden. Der Kraftstoff-Verbrauch nach DIN 70 030 ist also nur ein Vergleichswert, nicht aber der tatsächliche Fahrverbrauch.

³) Die angegebenen Gewichte sind Höchstgewichte, gültig für die Bundesrepublik Deutschland. In verschiedenen Ländern sind andere Gewichte vorgeschrieben.

Inhalt unverbindlich
Änderungen vorbehalten

Daimler-Benz AG, Stuttgart-Untertuerkheim WZ 1505/00/00/0972 Printed in Federal Republic of Germany / Imprimé en République Fédérale d'Allemagne

350 SLC – das neue Mercedes-Benz Coupé

Wer den großzügigen Innenraum der Mercedes-Benz Limousinen, ihren Komfort und ihre Ruhe schätzt, wer andererseits den unverwechselbaren Charakter des sportlich-schnellen 350 SL nicht vermissen möchte, für den gibt es jetzt eine Lösung ohne Kompromisse: den 350 SLC.

Schon optisch unterscheidet sich dieses Coupé deutlich vom verwandten sportlichen Zweisitzer. Die Seitenlinie erscheint gestreckter, Heck- und Seitenfenster wirken großzügiger.

Diese Wirkung täuscht nicht. Radstand, Fahrzeuglänge und Innenraum sind wesentlich größer als beim 350 SL. 36 Zentimeter mehr in der Gesamtlänge sind nicht zu übersehen. Der 350 SLC bietet 4 Personen bequem Platz. Die Sitzbank im Fond mit herausklappbarer Mittelarmlehne macht ihn zu einer idealen Kombination von sportlichem Herrenfahrer-Coupé und komfortablem Reisewagen. Das beweist übrigens auch der Kofferraum.

Der 350 SLC als das

Entwicklung geht weit über »Sportlichkeit mit Komfort« hinaus. Besitzer und Fahrer können vergessen, was sie bisher über sportliche Wagen wußten. In diesem neuen Coupé ist die Synthese aller Eigenschaften entscheidend. Beim 350 SLC war Harmonie das Konstruktionsziel. Wenn dieser Wagen auch dem Betrachter aufregend erscheint, so spürt doch der Fahrer nichts dergleichen; er merkt nur die sichere Kraftbeherrschung und den reichhaltigen Komfort.

Sicherheit und Komfort entstehen heute im wissenschaftlichen Versuch, die Karosserie im Windkanal. Trotzdem ist dieses Coupé schön, schnell, männlich.

Der 350 SLC ist ein in vielen Jahren ausgereiftes Fahrzeug. Die Kraft und Sicherheit des 350 SLC und Ihre Fairness im Straßenverkehr – es gibt keinen besseren Stern, unter dem Sie fahren können.

Man erklärt die Unterschiede bei den Proportionen von 350 SL und 350 SLC, bedingt durch den größeren Radstand des um 36 Zentimeter längeren Coupés.

Jede Menge Platz gab's im SLC, und für die Fondsitze jetzt auch Anschnallgurte – Aschenbecher übrigens sowieso.

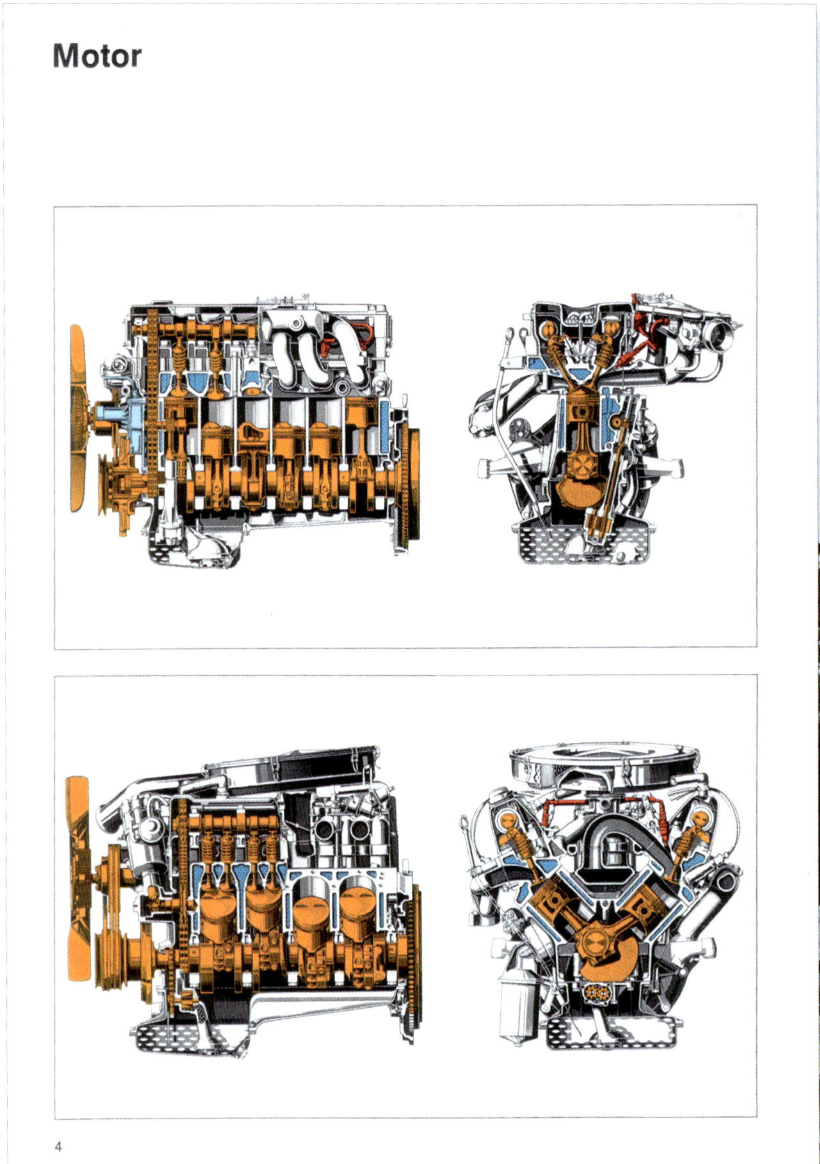

Motor

4

Schematische Darstellung des Sechszylinder-Reihenmotors im 280 SL bzw. SLC und des großen V8-Aggregats. Zwei obenliegende Nockenwellen wiesen beide auf, nur bedienten sie beim 2,8-Liter die Ein- und Auslassventile getrennt.

Kein SLC, sondern ein SL mit Hardtop, das ab Modelljahrgang 1980 zum Lieferumfang des Fahrzeugs gehörte.

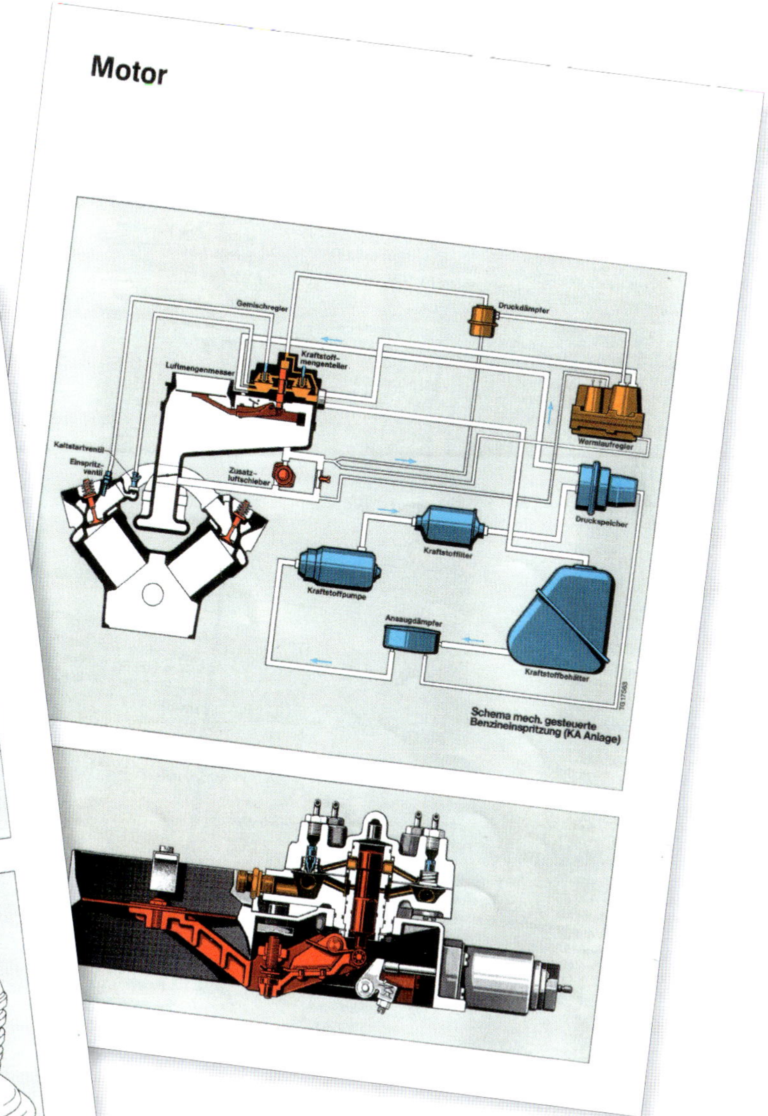

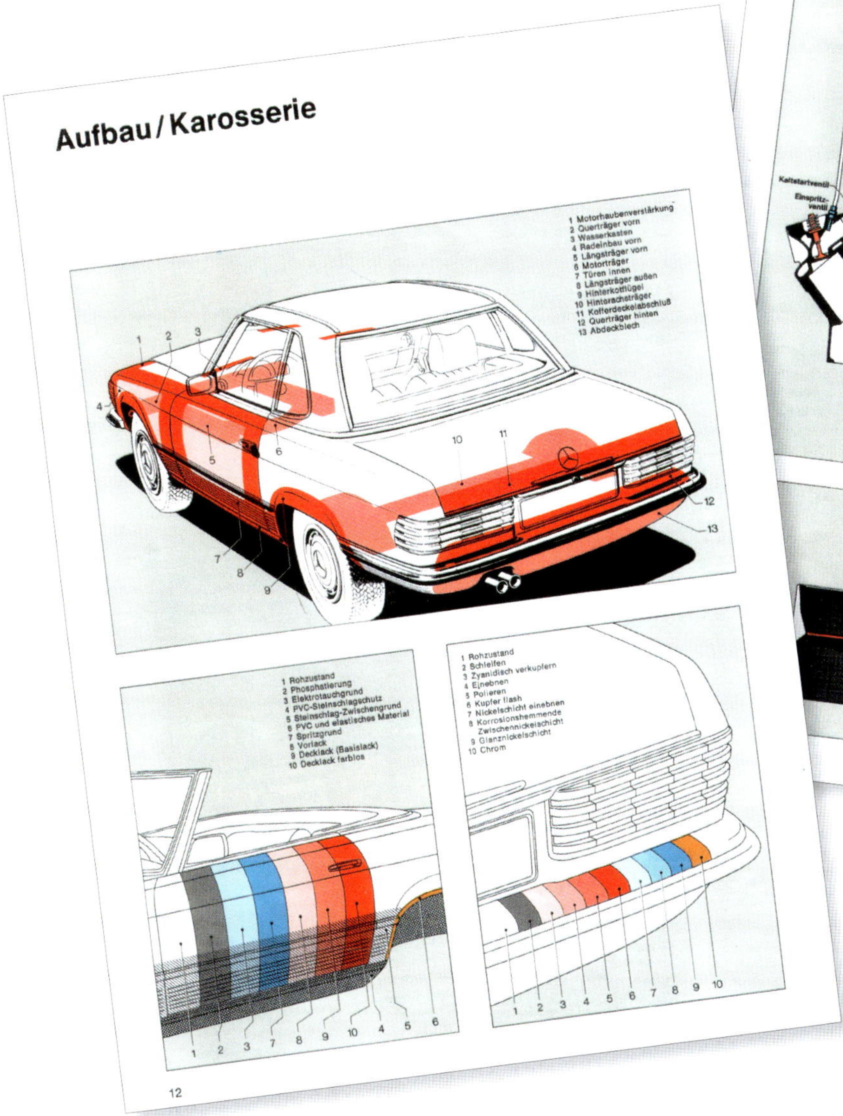

Karosserie- und Technik-Details aus einer Broschüre, die Daimler-Benz in regelmäßiger Folge nur für Werksangehörige und Verkäufer herausgab. Ihr Informationsgehalt war recht hoch.

Was Journalisten über den SL und den SLC schrieben

Geballte Ladung gediegener Technik

Optisch eher mild und sanft, dabei doch etwas fleischig stehe der neue Wagen da, meinten die Redakteure der *auto zeitung* bei der Präsentation des 350 SL: »Es will gewiss niemanden mit seinem Aussehen erschrecken, sondern einer geballten Ladung gediegener Technik einen angemessenen Rahmen geben ...« Der 350 SL sei der Große Mercedes von morgen, und der V8 sei eine »mächtige Maschine«. Weiter hieß es: »Auf der Straße zeigt der Prestige-Zweisitzer Reife statt Zorn. 1500 kg lassen das 200-PS-Auto nicht ungestüm werden. Dafür läuft der SL ganz unbekümmert 200 km/h und mehr. Kurven bewältigt er mit narrensicherer Neutralität, ohne seinen Fahrer zu provozieren ...«.

Teuer, aber gut und solide

Auch der 280 SL überzeugte die Presse offensichtlich sehr, obwohl er »nur« ein Sechszylinder war. In einem Test, den *auto, motor und sport* veröffentlichte, tat man sich schwer, dem Wagen auch ein paar Nachteile zu bescheinigen, und da schienen nur der hohe Anschaffungspreis und »bei geschlossenem Verdeck starke Windgeräusche im oberen Geschwindigkeitsbereich« auf – aber welches Cabrio, ganz gleich welcher Marke, hatte die nicht? Als Vorteile fasste man zusammen: »Gute Fahrleistungen, drehfreudiger, kultivierter Sechszylindermotor, günstiger Verbrauch, solide Verarbeitung der Karosserie.«

Souveräne Fortbewegung

Mehrfach erschienen Vergleichstests, in denen die Presse dem SLC Konkurrenten wie BMW 635CSi, Porsche 928 oder auch Jaguar XJ-S gegenüberstellte. Die *Auto Zeitung* gab dem 450 SLC 5.0 im September 1978 in der Summe 395 Punkte und platzierte ihn damit vor dem Porsche mit 391 Punkten, stellte jedoch den BMW mit 413 Punkten an die Spitze, weil die Summe seiner sportlichen Eigenschaften die Redakteure mehr zu überzeugen vermochte. Vom 450 SLC schrieben sie als Fazit: »Komfortables Reisen und souveräne Fortbewegung sind seine starken Seiten ... Das neue Leichtmetall-Aggregat zeigt sich dabei von einer überaus kultivierten und dabei sparsamen Seite. Man darf auf seine Verwendung in der neuen S-Klasse gespannt sein.«

Eines der letzten Vollchrom-Autos

Als zum Schluss der 300 SL erschien, bezeichnete *auto, motor und sport* dieses Modell als eines der »letzten Vollchrom-Autos«, nämlich: »Vorne ist sehr viel, im Fensterbereich nicht wenig, sogar die mächtigen Türen lassen es beim Öffnen glänzen und zeigen nicht nur bei direkter Sonneneinstrahlung, dass der Besitzer Bankdirektor, Manager oder Schlagzeuger ist.«
Das war sicher nicht ganz ernst gemeint, denn unter den 13.443 Käufern eines 300 SL müssen sich wohl auch Vertreter ganz anderer Berufsgruppen befunden haben. Die wichtigste Aufwertung beim 300 SL, so heißt es an anderer Stelle, sei der neue Dreiliter-Motor. »Er präsentiert sich unter der geöffneten Motorhaube so schön übersichtlich, als wäre das Auto extra um ihn herumgebaut worden. In einer Zeit, in der Motorräume zunehmend hässlicher werden, ist der Sechszylinder-SL Jahrgang 86 eine Ausnahme. Unter der Haube findet sich trotz aller Modernität guter alter Maschinenbau – ohne wirre Schläuche und Leitungen, mit dem Ölmessstab an der richtigen Stelle und dem fast alles antreibenden, hosenträgerbreiten Universalriemen mit der ewigen Lebensdauer am Kopfende der Maschine.«

In der damals sehr populären Technikzeitschrift *hobby* äußerte sich der Motorjournalist Heinz Kranz offensichtlich sehr beeindruckt zum Thema Sicherheit im 350 SL.

Reinrassiger Gran Turismo

Wie der Wagen trotz Seitenwind seine Bahn ziehe, sei beachtlich: »Dank einer Verringerung des Auftriebs an der Vorderachse um 30 Prozent konnte auch der Geradeauslauf verbessert werden ... Auch in Kurven zeigt der neue SL ein Verhalten, das so gar nicht zu dem passt, wie man ihn gemeinhin einzuschätzen pflegt. Mit seiner exakten Servolenkung, sehr hohen möglichen Querbeschleunigungen und nunmehr nur geringen Lastwechselreaktionen bietet der betulich wirkende Langschnauzer ziemlich genau das, was man von einem reinrassigen Gran Turismo erwartet.«

Erste Berichterstattung über den neuen 350 SL bei dessen Erscheinen im Magazin *auto, motor und sport*. Das Foto mit dem »Kavaliersstück« dürfte auf der Steilkurve der Daimler-Benz-Versuchsstrecke im Werk entstanden sein.

Warum *ams* den 350 SL als Doppeldecker bezeichnete? Wohl wegen des Hardtops... »Ganz arm darf man nicht sein, um dieses Auto in die Garage stellen zu können«, hieß es unter anderem, aber sein Preis sei angemessen.

auto motor sport Test

Mercedes-Benz 350 SL

Doppeldecker

Das was mit dem Modewort „Image" gemeint ist, hat rätselhafte Hintergründe, aber handfeste Auswirkungen: Opel gelingt es trotz aller Anstrengungen nicht, eine nennenswerte Zahl von Mercedesfahrern zur Abkehr vom Stern zu bewegen, während das BMW-Image sich neben dem Mercedes-Image behaupten kann, obwohl die bayerische Firma lange Zeit nur ein Image hatte und sonst nichts. Ein rechtes Image überdauert mühelos Jahrzehnte, und nicht einmal sein Besitzer selbst kann ihm weh tun.

Auch mit dem SL-Image von Mercedes hat es eine besondere Bewandtnis: Nachdem Mercedes zum ersten und einzigen Mal nach dem Krieg mit den Typen 300 SL und SLR echte Sportwagen gebaut hatte, veranlaßte der damals für das Untertürkheimer Haus tätige amerikanische Auto-Importeur Maxie Hoffmann die Schwaben, die Buchstaben SL auf ein ziemlich improvisiertes sportliches Gefährt zu schreiben, den 190 SL. Dieser für Mercedes-Verhältnisse schlechte Wagen — er rüttelte fürchterlich, war laut und unkomfortabel — führte ein Eigenleben: Er verkaufte sich so gut, daß man nicht umhin konnte, ihn immer weiterzubauen. Er erfüllte ein Bedürfnis, wie man auch daran ablesen kann, daß das Mädchen Rosemarie sich mit ihm fotografieren ließ: Ein SL macht arriviert.

Der stolze Preis des heutigen 350 SL sorgt dafür, daß eine gewisse Exklusivität gewahrt bleibt: Ganz arm darf man nicht sein, um dieses Auto in die Garage stellen zu können. Andererseits sind die runden 30 000 Mark noch nicht zuviel, die im Frühjahr angelaufene

Vorzüge

- Leiser, drehfreudiger V8-Motor
- Sehr guter Fahrkomfort
- Gute Fahrsicherheit
- Wandlungsfähige Karosserie mit Hardtop und leicht bedienbarem Roadsterverdeck

Nachteile

- Fahrleistungen für Sportwagenverhältnisse nur durchschnittlich
- Starkes Untersteuern im Grenzbereich, beim Gaswegnehmen Übersteuertendenz
- Sichtverhältnisse nicht optimal

Kavaliersstück

FORTSETZUNG

einen Zweisitzer von 2,46 Meter Radstand (nur 4 cm mehr als ein VW) wahrlich ein stolzer Wert. Aber wenn Sindelfingens Karosseriebauer erst einmal richtig in die Kiste greifen, dann wird auch was geboten.

Leistung: Gut bedient

Daß sich die Haube vor dem Fahrerauge in kräftiger Wölbung hinzieht, hat seinen Grund nicht nur in der Einbauhöhe des Motors, sondern auch in dem beträchtlichen Raumanspruch der Kühlung. Im Bug ist eine kleine Fabrik für sich am Werk: ein großflächiger Wasserkühler, zwei Kühlgebläse und ein Ölkühler. Mit wachsender Motorgröße und zunehmendem Bedarf an Servokräften wird es schwierig, bei langsamer Kolonnenfahrt für die nötige Kühlung zu sorgen — besonders wenn noch der Verdampfer einer Klimaanlage gespeist werden muß. Auch bei schneller Fahrt gibt es Probleme: Hier nützen die Gebläse nichts, es muß Kühlfläche her, damit der heiße Ofen keinen Kollaps kriegt. Dadurch, daß der neuentwikkelte Lüfter die Luft je zur Hälfte in axialer und in radialer Richtung in den Motorraum strömen läßt, wird der V8 jederzeit angenehm umfächelt. Als Gegenleistung offeriert er 200 DIN-PS, die das Schwergewicht so kräftig in Gang bringen, daß man ruhig Sportwagen dazu sagen darf. Wenn auch der Hockenheimring, auf dem auto motor und sport mit dem 350 SL die ersten Gehversuche machte, schon andere Sachen gesehen hat — das leise summende Mobil brachte es auf achtbare Rundenzeiten. Rennstrecken lassen fast immer — selbst im Monoposto — den Wunsch nach mehr Leistung laut werden, und Daimler-Benz hat in dieser Richtung nicht nur schärfere Nockenwellen, sondern auch eine 4,5 Liter-Version des Motors auf Lager. Aber für den Hausgebrauch der SL-Kunden ist einstweilen nur der 3,5 Liter verfügbar, dem man im Interesse seiner Lebensdauer wohl auch keine zusätzlichen Spritzen verpassen wird.

Auf Landstraßen und Autobahnen zeigte sich dann, daß sie damit in jeder automobilistischen Lebenslage ausgezeichnet bedient sind. Mit einem 0—100-Wert von knapp 9 Sekunden zählt der 350 SL zu den Autos mit überlegener Kraftreserve, die dank der guten Abstufung des Vierganggetriebes stets verfügbar ist. Erfreulicherweise hat die Automatik in den mittleren Gängen gleiche Reichweiten wie das Normalgetriebe: Der II. Gang reicht bis 90, der III. bis 150 km/h. Daß das Rührwerk Leistung schluckt, ist freilich nicht ganz zu vermeiden — wer viel überholt und gern auf kurvenreichen Straßen schnell fährt, wird sich mit dem Schaltgetriebe wohler fühlen. Daß es jenseits 150 km/h mit dem Schalten vorbei ist, wird nur selten als Mangel empfunden. Bis ca. 200 km/h geht die Beschleunigung noch zügig weiter, bis zur Spitze von ca. 210 (mit Automatik 205) dauert es naturgemäß etwas länger. Ohnehin wird man sich im 350 SL damit abfinden müssen, daß es Schnelleres gibt — zum Beispiel den 300 SEL 6,3. Aber

Der 350 SL erfreut seine Besitzer wie der 280 SL durch die Kombination von abnehmbarem Dach und Roadsterverdeck. Das Lenkrad entfernt sich von der konservativen Strenge bisheriger Mercedes-Lenkräder, die Innenausstattung ist sachlich und nach praktischen Gesichtspunkten gestaltet. Serienmäßig wird ein von innen verstellbarer Rückspiegel eingebaut.

Der 3,5 Liter V 8 nimmt unter der Haube viel Raum ein, aber der Platz würde auch für einen 4,5 Liter noch reichen. Die Rechteckscheinwerfer haben H 4 Halogen-Zweifadenlampen, in die Heckleuchten ist die Nebelschlußleuchte einbezogen. Alle vier Blinker wurden seitlich herumgezogen. Gummileisten schützen die Karosserie ringsum gegen kleine Schäden.

38 auto motor sport 9/1971

9/1971 auto motor sport 39

Noch einmal das »Kavaliersstück«: Durch eine großzügige Typografie und mit Julius Weitmanns Teleobjektiv gemachte Fotos unterschied sich in jenen Jahren *ams* sehr von anderen Motorblättern.

Reinhard Seiffert, einer der profiliertesten Berichterstatter der Motorpresse, beschrieb die Vor- und auch ein paar Nachteile (»starkes Untersteuern im Grenzbereich«) des 350 SL.

Kavaliers-stück

FORTSETZUNG

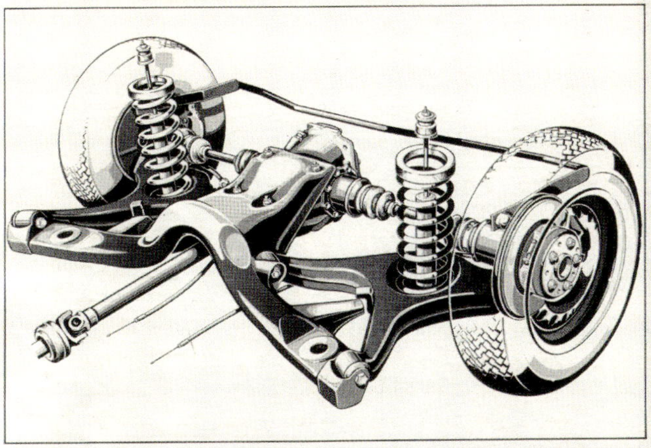

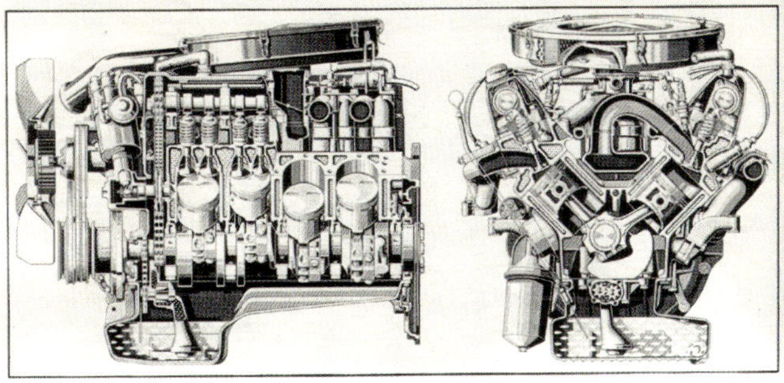

den BMW-Coupés ist der 350 SL im Punkt Komfort klar überlegen, seine einzige ernsthafte Komfort-Konkurrenz ist der Citroen SM.

Auch die Fahreigenschaften erwiesen sich auf der Straße als angenehm und ausgeglichen. Störendes Untersteuern trat auch bei schneller Fahrweise kaum auf, da man sich auf öffentlicher Straße nicht so unbekümmert in Grenzbereichen bewegen kann wie auf der Rennstrecke. Der 350 SL verhält sich zwar auch hier leicht untersteuernd, aber er wirkt durch seine direkte und leichtgängige Servolenkung handlich, seine Kraft bringt er auch auf unebener Bahn gut auf den Boden. Das erwähnte Hereindrehen in die Kurve, eine Folge des Motor-Bremsmomentes beim Gaswegnehmen, fiel hier mangels extremer Querbeschleunigung ebenfalls weniger auf als in Hockenheim. Die Bremsen, die selbst schnelle Hockenheim-Runden ohne Wirkungsverlust, wenn auch qualmend, überstanden hatten, erwiesen sich im Verkehr als gut dosierbar und zuverlässig, was beim Fahren auf der Autobahn ebenso zur Nervenschonung beiträgt wie die gute Beschleunigung und das schonend-sanfte Fahrgeräusch.

Nach der Bekanntschaft mit diesem Extraklasse-Zweisitzer drängt sich die Frage auf, warum er nicht etwas mehr Radstand und zwei zusätzliche Sitze hat. Sie läßt sich damit beantworten, daß der SL traditionellerweise ein Zweisitzer ist. Auch muß gesagt werden, daß Radstand Geld kostet — besonders bei einem offenen Auto. Es gehört aber nicht viel Phantasie zu der Vorstellung, daß man mit den gleichen Zutaten ein recht nettes viersitziges Coupé bauen könnte. Diese Vorstellung hat, so scheint es, schon greifbare Formen angenommen — ebenso wie der 4,5 Liter-Motor seit längerem im Gespräch ist. Aber man weiß, daß sich Daimler-Benz mit solchen Dingen Zeit läßt — zunächst einmal ist die Produktion des 350 SL angelaufen, und man wird ihn schon bald auf den Straßen sehen. Wer ihn hat, kann sich freuen. Weniger freuen werden sich Porsche und BMW, denn so etwas kann man eine ernsthafte Konkurrenz nennen.

Reinhard Seiffert

Wie bei den Limousinen der „kleinen" Baureihe sind die Hinterräder an Schräglenkern aufgehängt. Daimler-Benz nennt diese Bauweise „Diagonal-Pendelachse". Der 3,5 Liter V8-Motor mit je einer obenliegenden Nockenwelle je Zylinderreihe entspricht den 3,5-Limousinen. Das Staudruck-unabhängige Lüftungssystem (oben) enthält einen besonderen Gag: Durch einen Kanal wird die Warm- oder Kaltluft in die Türen geleitet und tritt durch die Verkleidungsflächen aus.

FOTOS WEITMANN

42 auto motor sport 9/1971

9/1971 auto motor sport 43

auto motor sport Test

Mercedes-Benz 350 SLC

Sicherheits-Schloß

In allen Details über ein Auto zu berichten, das 36 000 Mark kostet – das könnte man für überflüssig halten. Denn wer kauft so ein Luxusauto schon? Ein paar Leute, die nicht wissen, wohin mit dem Geld, die sich in St. Tropez oder auf der Düsseldorfer Kö mit diesem Auto sehen und bewundern lassen wollen?

Das ist ein konsequent aussehender Standpunkt, wenn man im Auto ausschließlich das Kaufobjekt und das Statussymbol sieht. Aber auch ein fragwürdiger „Ohne-mich"-Standpunkt gegenüber der technischen Entwicklung. Ebenso könnte man es ablehnen, sich über die Eigenschaften eines technisch interessanten preisgünstigen Autos, etwa des Citroen GS, zu informieren, nur weil man in der Lage ist, sich ein teureres Auto zu kaufen. Hier sind zwei Dinge auseinanderzuhalten: Einmal die persönliche Kaufabsicht, und zweitens die Information über das, was in der Automobiltechnik vor sich geht.

Bei den Vorgängen in der Automobiltechnik mischt Daimler-Benz intensiv mit. Mit teuren Autos – das stimmt, denn manches Gute läßt sich nicht billig machen. Aber es besteht ein Unterschied zwischen einem teuren Auto und einem teuren Pelzmantel: Ein teurer Mantel erfüllt den Zweck des Warmhaltens nicht unbedingt besser als ein billiger, ein teures Auto dagegen kann (nicht muß) den Zweck des Fahrens besser erfüllen. Das Bessermachen hat bei Daimler-Benz unbestreitbar Priorität, und der Preis ist eine Folge davon. Deswegen sind es auch die exklusiven Autos dieser Firma – bis hin zum 600 – wert, daß man sich mit ihnen beschäftigt.

Die SL-Baureihe war allerdings nicht seit jeher exklusiv. Der 190 SL entstand einst aus der Absicht heraus, einen preisgünstigen Sportwagen anzubieten, und das führte zu einigen Zugeständnissen an den Preis, die für Mercedes-Verhältnisse ungewöhnlich waren. Heute ist es damit jedoch vorbei – 350 SL und SLC bestehen aus Top-Aggregaten und sind entsprechend teuer.

Karosserie: Raumgewinn

Als Typ ist der 350 SL ein Novum im Mercedes-Programm. Sportliche Autos mit Stern gab es bisher nur zweisitzig. Das bisherige SE-Coupé stammte von der Limousine ab und war entsprechend ausladend in den Abmessungen. So konnte die Konkurrenz mit 2+2-Coupés vordringen, besonders BMW. Für Mercedes war es ein naheliegender Schritt, dem zweisitzigen SL eine verlängerte Version mit Fondsitzbank zur Seite zu stellen.

Das SL-Konzept des offenen Autos mit aufsetzbarem Hardtop mußte dabei aufgegeben werden. Beim kurzen 350 SL war es gerade noch möglich, ihn mit den notwendigen Verstärkungen des Bodens zu versehen, um genügend Karosseriesteifigkeit zu erreichen. Bei längerem Radstand wäre der Wagen zu schwer geworden. Man wollte aber den Radstand drastisch verlängern, um wirklich genügend Fond-Sitzraum zu erhalten. So verzichtete man auf die Verwandlungsmöglichkeit und baute ein Coupé mit festem Dach und voll versenkbaren Seitenfenstern. Der Radstand wurde von 2,46 m auf nicht weniger als 2,82 m verlängert – ein beträchtlicher Zuwachs, der dem Auto auf den ersten Blick nicht anzusehen ist. Weiterer Raumgewinn ergab sich durch das Fehlen der Verdeckmechanik.

Was auf diese Weise entstand, ist trotz sportlichem Aussehen schon kein 2+2 mehr, sondern eher ein vollwertiger Vier- bis Fünfsitzer. Die Sitzbreite und der Knieraum im Fond reichen tatsächlich für drei Personen aus – zwei haben es natürlich bequemer. Auch der Kopfraum ist reichlich – nur an die Einstiegbequemlichkeit darf man bei dem niedrigen Auto keine Limousinen-Ansprüche stellen, und der Kofferraum kann nicht alles aufnehmen, was vier oder gar fünf Personen auf Reisen vielleicht mitnehmen wollen. Der Charakter des Innenraums ist ein völlig anderer als beim 350 SL – während man im Zweisitzer den Eindruck der Enge und Licht-Armut hat, wirkt das Coupé weiträumiger und – dank wesentlich vergrößerter Fensterfläche – auch hell und freundlich. Ebenso positiv ist die Auswirkung der größeren Länge auf die äußere Wirkung: Der SLC sieht in den Proportionen harmonischer und schlanker aus als der gedrungene SL, die Stilistik wirkt weniger aufdringlich und gewollt. Das schlicht geformte Dach mildert die formalen Ungereimtheiten des Zweisitzers, besonders den Widerspruch zwischen dessen negativer Dachwölbung („Pagodendach") und der starken positiven Wölbung der Motorhaube.

Während sich die Sindelfinger Karosseriebauer hinsichtlich ihrer stilistischen Intentionen immer wieder Zweifel gefallen lassen müssen, verdienen ihre technischen Leistungen ungeteilten Beifall. Die überlegte Detailgestaltung des 350 SLC bietet eine überzeugende Demonstration gekonnten Automobilbaues. Ganz besonders gilt das für die Synthese von Unfallsicherheit und funktionsgerechter Gestaltung, die hier verwirklicht wurde. Der 350 SLC kann als echtes Sicherheitsauto gelten: Karosseriestruktur, Türschlösser, Armaturenanlage und Lenkung sind in ihren Sicherheitswirkungen aufgrund exakter Berechnungen und langer Versuchsreihen perfektioniert (die ersten diesbezüglichen Mercedes-Patente sind über 20 Jahre alt). Hinzu kommen (gegen Aufpreis) integrierte Automatik-Aufrollgurte für Vorder-

Vorzüge
- Leiser, drehfreudiger V8-Motor
- Guter Fahrkomfort
- Gute Fahrsicherheit
- Viersitzige Coupé-Karosserie mit hohem Sicherheitswert

Nachteile
- Fahrleistungen im Verhältnis zur Preisklasse nur durchschnittlich
- Zulässige Zuladung für 4 Personen und Gepäck zu gering.

ZUM VERGLEICH	Mercedes-Benz 350 SLC Automatik	Mercedes-Benz 350 SLC Automatik geschaltet	Alfa Romeo Montreal	BMW 3.0 CSi	Chevrolet Camaro SS* Automatik	Citroen SM
Hubraum ccm	3499	3499	2593	2985	5733	2675
Leistung PS/U/min	200/5800	200/5800	200/6500	200/5500	225/4300	170/5500
Preis DM	35 631,–	35 631,–	35 000,–	30 650,–	27 306,–	33 855,–
Beschleunigung in s 0 bis 60 km/h	5,2	5,0	3,8	3,7	4,5	4,7
0 bis 80 km/h	8,2	7,2	5,5	5,3	6,4	7,1
0 bis 100 km/h	11,8	10,2	7,6	7,3	8,6	10,4
0 bis 120 km/h	15,8	14,1	10,2	10,4	12.0	14,2
0 bis 140 km/h	20.9	19,0	13,5	13,9	16,0	19,1
0 bis 160 km/h	29,0	26,4	18,1	18,0	21,5	25,4
1 km mit stehendem Start	31,8	30,9	27,9	27,7	29,1	30,8
Höchstgeschwindigkeit km/h	211,8	211,8	223,6	219,8	200,0	220,8

* Seit 1972 mit 5,6 Liter 200 PS-Motor ausgestattet

66 auto motor sport 10/1972

10/1972 auto motor sport 67

Im Oktober 1972 erschienener Testbericht über den 350 SLC. Man wünschte sich (wie schon bei 350 SL) ein wenig mehr Dampf... Die bemängelte Zuladekapazität wurde übrigens wenig später vom Werk erhöht.

auto motor sport Test

Mercedes-Benz 350 SLC

sich noch die zahlenmäßig hohe Leistung in Form von möglichen Höchstgeschwindigkeiten um 200 km/h.

Warum dies so ist, darüber gibt die Waage einigen Aufschluß: Der 350 SLC ist ein gewichtiges Fahrzeug. Er ist zwar im Verhältnis zur größeren Länge nur wenig schwerer als der SL, aber dieser ist ebenfalls nicht gerade leicht. Das Werk gibt für den SL 1545 kg und für den SLC 1595 kg an, die Testwagen brachten es auf 1625 kg (SL mit Automatik) und 1740 kg (SLC mit Automatik, Radio und Klimaanlage). Setzt man für vier Personen und Gepäck bescheidene 300 kg an, dann wiegt die Fuhre bereits über 2 Tonnen und das Leistungsgewicht klettert über 10 kg pro PS, was sich in der Beschleunigung natürlich bemerkbar machen muß. Der Papierform nach ist der 350 SLC damit übrigens schon überladen, denn es sind bei ihm, genau wie beim SL, nur maximal 1975 kg zulässig.

Beim Fahren mit einer oder zwei Personen hat man unter Leistungsmangel weniger zu leiden, man kann sich unter allen Verkehrsbedingungen recht zügig bewegen, zumal der III. Gang der Automatik bis 150 km/h ausgefahren werden kann. Durch das serienmäßige Viergang- oder das auf Wunsch lieferbare Fünfganggetriebe läßt sich die Ausnutzbarkeit des Motors weiter verbessern, was allerdings mit einer Einbuße an Bedienungskomfort verbunden ist. Die SL-Modelle haben in der Verkaufsstatistik die größte Automatik-Quote aller Mercedes-Typen. Man kann daraus schließen, daß ihre Käufer überwiegend mehr auf komfortables als auf optimal schnelles Fahren Wert legen.

Bei Daimler-Benz scheint man sich einstweilen damit abzufinden, daß der 350 SLC kein vor Leistung überquellendes Kraftpaket ist, denn man zeigt keine Neigung, eine stärkere Version, etwa mit 4,5 Liter-Motor, anzubieten. Tatsächlich zeigt der Verkaufserfolg, daß man auf überdurchschnittliche Leistung als Verkaufsargument verzichten kann, denn der SLC ist der Konkurrenz in anderen, im Normalfall wichtigeren Punkten genügend überlegen.

Was die Laufkultur angeht, kann dem 3,5 Liter V8 nur Gutes nachgesagt werden: Er läuft leise, elastisch und auch bei hohen Drehzahlen sehr vibrationsarm. Wie im SL trägt er damit ganz wesentlich zum Fahrkomfort bei – das Geräuschniveau kann dem einer komfortablen Limousine gleichgesetzt werden. Es gibt darum auch nur wenige Autos, in denen man hohe Autobahnschnitte mit einem so geringen Nervenverschleiß fahren kann. Ebenso erfreulich ist die Verbindung des V8-Motors mit der Viergangautomatik im Stadt- und Kurzstreckenverkehr: Weiche Schaltvorgänge und

Serienmäßig von innen verstellbarer Rückspiegel, auf Wunsch integrierte Automatik-Gurte vorn und hinten, Scheinwerferwischer und Klimaanlage kennzeichnen die Karosserie-Perfektion des 350 SLC. Das Coupé hat voll versenkbare Seitenfenster (lediglich der mit Sonnenblenden versehene hintere Teil bleibt stehen). Der lange Radstand von 2,82 sorgt dafür, daß vier oder sogar fünf Personen untergebracht werden können.

FOTOS: WEITMANN

70 auto motor sport 10/1972

10/1972 auto motor sport 71

Noch hieß es, Daimler-Benz zeige keine Neigung, den Wagen auch mit dem 4,5-Liter-V8-Motor des 450 SL anzubieten. Doch genau das war ab März 1973 der Fall; bemerkenswert, dass die meist gut orientierten *ams*-Leute dies noch nicht wussten.

Aero-Dynamik

Test Mercedes 280 SL, 380 SL und 500 SL

Klassische Cabrios mit leistungsstarken Sechs- und Achtzylindermotoren.

Daß Rauchen die Gesundheit gefährdet, wird genußsüchtigen Mitmenschen heute schon auf jeder Zigaretten-Reklame mitgeteilt — man kann sich eigentlich nur darüber wundern, daß nicht jedes Cabrio einen Schriftzug tragen muß: „Achtung, offene Autos sind gefährlich."

Denn die Cabrios und Roadster sind mittlerweile fast totgeredet worden: Ihre Gegner behaupten, sie seien unverhältnismäßig teuer, man könne den Frischluftspaß ohnehin nur an wenigen Tagen im Jahr genießen, und zu allem Überfluß seien die Oben ohne-Vehikel auch noch unsicher, weil bei einem Überschlag der eigene Schädel als Knautschzone benutzt wird.

Und obwohl es sich mit keiner Statistik der Welt beweisen läßt, daß Offenfahrer gefährlicher leben als Limousinen-Besatzungen, haben diese Argumente gewirkt: Es gibt kaum noch Autos zum Aufklappen (siehe auch Seite 56), und die wenigen, die heute noch angeboten werden, sind zu einem großen Teil mit einem Überrollbügel geziert, als seien sie nicht zum Fahren gebaut, sondern für eine gekonnte Rolle seitwärts.

Bei Daimler-Benz in Stuttgart-Untertürkheim allerdings hält man wenig von solch neumodischem Stahlgerüst — um so mehr aber von Tradition: „Ein Roadster", so weiß Entwicklungschef und Vorstandsmitglied Professor Werner Breitschwerdt, „kann durchaus auch so gebaut werden, daß im Notfall der Windschutzscheibenrahmen die Aufgabe eines Sturzbügels übernimmt. Wir sehen deshalb vorerst überhaupt keinen Grund, unseren jetzigen SL abzulösen."

Einen Nachfolger hat der Mercedes wohl auch noch nicht nötig — er wirkt in seiner äußeren Erscheinung, obwohl er schon seit zehn Jahren unverändert vom Band läuft, heute noch durchaus zeitgemäß.

Zudem erfuhr er im Frühjahr 1980 entscheidende Verbesserungen. Statt der alten Grauguß-Achtzylinder kommen nun die modernen Leichtmetall-V8 zum Einsatz; für Leute, die aufs Geld schauen, gibt es außerdem weiterhin eine Ausführung mit 2,8 Liter-Sechszylindermotor.

Leistung für jeden Geschmack: SL-Palette

Die SL-Palette umfaßt also drei unterschiedlich motorisierte Modelle:

- 280 SL mit sechs Zylindern und 185 PS (136 kW),
- 380 SL mit acht Zylindern und 218 PS (160 kW),
- 500 SL mit acht Zylindern und 240 PS (177 kW).

Was die Karosserie angeht, sind alle drei nahezu identisch — lediglich der 500 SL dokumentiert seine Spitzenstellung durch einen Spoiler am Heck, der unter anderem den Geradeauslauf bei hohen Geschwindigkeiten verbessern soll, optisch aber nicht gerade ansprechend erscheint.

Sachliche Mängel freilich kann man der SL-Karosse kaum vorwerfen — allenfalls die nicht besonders gute Übersichtlichkeit nach vorn, die aus der ziemlich tiefen Sitzposition resultiert.

Ansonsten ist alles so perfekt und funktionell, wie man das von einem Mercedes erwarten darf. Die mit einem großen Verstellbereich versehenen Sitze bieten gute Seitenführung und sind so bequem geformt, daß auch auf langen Etappen keine Beschwerden auftreten, die reichlich dimensionierten Rundinstrumente lassen sich klar und spiegelfrei ablesen, und die Anordnung der verschiedenen Bedienungshebel ist so durchdacht, daß man auch ohne Studium der Betriebsanleitung gut zurechtkommt.

Vorzüge

- Einfach zu bedienendes, und solide verarbeitetes Stoff-Verdeck
- Kultivierter Motorlauf
- Gute Fahrleistungen
- Funktionelle Bedienungselemente
- Geräumiger Kofferraum

Nachteile

- Bei höheren Geschwindigkeiten und geschlossenem Verdeck laute Windgeräusche
- Eingeschränkter Federungskomfort
- Nicht ganz befriedigende Übersichtlichkeit

Der Kofferraum schließlich, nach auto motor und sport-Norm 204 Liter groß, schluckt mühelos das Reisegepäck eines Duos — außerdem gibt es hinter den Vordersitzen eine geräumige Ablage, auf der ohne weiteres noch zwei große Reisetaschen untergebracht werden können.

Statt dessen kann man dort aber auch den Familiennachwuchs verstauen. Gegen Aufpreis gibt es Sitzkissen für hinten, die zwar Erwachsenen nur kurzfristig zugemutet werden sollten, für Kinder aber durchaus ausreichend sind.

Die Liste der Extras (siehe auch Tabelle „Ausstattung und Preise") ist, obwohl die SL-Typen beileibe nicht zu den Billigangeboten gehören, ohnehin ziemlich lang: wirklich Wichtiges aber fehlt in der Serienausstattung nicht, so daß sich der Käufer darauf beschränken kann, die sehr praktische Zentralverriegelung sowie eine Heizung für die Vordersitze zu bestellen, die sich bei kühlem Wetter und geöffnetem Verdeck als sehr angenehm erweist.

Auf das Hardtop kann man dagegen gut verzichten (Mindestpreis 2486 Mark), denn die gut dosierbare Heizung fördert schon kurz nach dem Kaltstart Warmluft in solchen Mengen, daß der Wärmeverlust durch das dünne Stoffdach nicht ins Gewicht fällt.

Wer mit geschlossenem Dach sehr schnell fahren möchte, wird sich über den soliden Aufsatz aus Blech allerdings freuen. Das Stoffverdeck nämlich verursacht oberhalb von 180 km/h geradezu ohrenbetäubende Windgeräusche, die auf die Dauer zu einer echten Belästigung werden. Mit Hardtop tritt zwar auch keine Grabesstille ein, doch wird der Windlärm immerhin auf ein Maß reduziert, daß es sich der Fahrer nicht zweimal überlegen muß, ob er die gebotene Motorleistung voll ausnutzen soll.

Die Mercedes SL-Modelle im Vergleich

Fahrzeugtyp		Mercedes 280 SL	Mercedes 380 SL	Mercedes 500 SL
Hubraum	cm³	2746	3818	4973
Bohrung x Hub	mm	86,0 x 78,8	92,0 x 71,8	96,5 x 85,0
Leistung	kW (PS) bei 1/min	136 (185) bei 5800	160 (218) bei 5500	177 (240) bei 5000
Verdichtungsverhältnis		9,0 : 1	9,0 : 1	8,8 : 1
Max. Drehmoment	Nm bei 1/min	240 bei 4500	305 bei 4000	404 bei 3200
Art der Ventilsteuerung		2 ohc ¹)	ohc	ohc
Gemischaufbereitung		mechanische Kraftstoffeinspritzung Bosch K-Jetronic		
Kraftübertragung		Viergang-Automatikgetriebe mit hydraulischem Drehmomentwandler		
I. Gang		3,68		
II. Gang		2,41		
III. Gang		1,44		
IV. Gang		1,00		
Rückwärtsgang		5,14		
Achsantrieb		3,58	3,27	2,72
Vorderradaufhängung		Einzelradaufhängung mit Querlenkern, Schraubenfedern, hydraulische Teleskopstoßdämpfer, Stabilisator		
Hinterradaufhängung		Einzelradaufhängung mit Schräglenkern, Schraubenfedern, hydraulische Teleskopstoßdämpfer, Stabilisator		
Felgengröße		6½ J x 14	6½ J x 14	6½ J x 14
Reifengröße		195/70 HR 14	205/70 HR 14	205/70 HR 14
Leergewicht	kg	1510	1545	1587
Zulässiges Gesamtgewicht	kg	1920	1960	1960
Radstand	mm	2460	2455	2455
Außenmaße (Länge x Breite x Höhe)	mm	4390 x 1790 x 1300	4390 x 1790 x 1300	4390 x 1790 x 1300
Beschleunigung	in s			
0— 60 km/h		4,6	4,5	3,6
0— 80 km/h		7,4	6,5	5,4
0—100 km/h		10,9	9,3	7,3
0—120 km/h		14,5	12,8	10,4
0—140 km/h		20,3	16,8	13,8
0—160 km/h		28,8	22,6	18,0
0—180 km/h		43,6	31,3	24,8
0—200 km/h		—	43,4	35,1
1 km mit stehendem Start		31,6	30,0	27,9
Elastizität ²)	in s			
40—100 km/h		9,1	7,8	6,1
60—120 km/h		10,0	8,5	6,8
Höchstgeschwindigkeit	km/h	205,7	225,0	236,8
Normverbrauch nach DIN 70030	in L/100 km	Super	Super	Super
Bei 90 km/h		10,1	11,0	11,1
Bei 120 km/h		12,6	13,6	13,3
Stadtverkehr		17,7	18,8	20,6
Testverbrauch	L/100 km	14,7	19,3	19,3
Preis	DM	47 392,—³)	55 031,—	63 088,—

¹) over head camshaft = obenliegende Nockenwelle; ²) Automatikgetriebe: Beschleunigung mit Kickdown. 280 SL serienmäßig mit Schaltgetriebe; ³) Preis mit Automatikgetriebe

Allerdings ist das Hardtop ein gewichtiger Brocken, der ohne Mithilfe freundlicher Zeitgenossen nicht vom Auto gehievt werden kann. Es kostet also etliche Schweißtropfen, bis einem endlich der Wind um die Nase weht, während das Öffnen des bemerkenswert sauber verarbeiteten Stoffverdecks wenig Mühe macht.

Ganz so einfach wie bei anderen Cabrios geht es zwar nicht, weil zunächst mit zwei im Handschuhfach verstauten Hebeln die Verschlüsse über der Windschutzscheibe gelöst und die Blechabdeckung hinter den Sitzen geöffnet werden muß.

Diese etwas komplizierte Konstruktion hat jedoch zwei entscheidende Vorteile: Im Innenraum gibt es keine herausstehenden Bügel, die der inneren Sicherheit abträglich sind, und außerdem verschwindet das Verdeck völlig, ohne daß man umständlich eine Plane anknöpfen muß, um es vor Staub zu schützen.

Wie die Dachkonstruktion erscheint im übrigen das ganze Auto ungewöhnlich solide. Da sind auch in versteckten Ecken keine Verarbeitungsmängel zu erkennen, da klappert nichts, und selbst auf holprigen Straßen bleibt der Aufbau ruhig — Verwindungserscheinungen gibt es so gut wie überhaupt nicht.

Schon damit sind gute Voraussetzungen für gute Laune bei schönem Wetter geschaffen, und die Motorisierung trägt ebenfalls dazu bei, daß man sich mit dem Mercedes SL schnell anfreundet.

Dabei spielt es im übrigen nur eine untergeordnete Rolle, welchem der drei lieferbaren Motoren der Käufer den Vorzug gibt. Schon der 2,8 Liter-Sechszylinder hat soviel Kraft, daß in keiner Situation das Gefühl von mangelnder Leistung aufkommt — erst recht natürlich nicht, wenn das Verdeck offen ist, denn dann möchte man ohnehin nicht schneller fahren als 120 km/h.

Reserven für schnelle Überholmanöver jedenfalls sind genügend vorhanden — auch wenn der Sechszylinder mit der wahlweise erhältlichen Viergangautomatik kombiniert ist, die auch der Testwagen besaß. Er beschleunigte in 10,9 Sekunden von 0 auf 100 km/h, wenn die weich schaltende und willig auf Kickdown-Befehle reagierende Automatik sich

Ausstattung und Preise

Mercedes 280 SL, 380 SL, 500 SL

Grundpreis	Mercedes 280 SL DM 45 358,—	Mercedes 380 SL DM 55 031,—	Mercedes 500 SL DM 63 088,—
Serienausstattung:			
• Elektrisch betätigte Fensterheber	—	—	○
• Automatikgetriebe	—	○	○
• Verschließbares Handschuhfach	○	○	○
• Heizbare Heckscheibe	○	○	○
• Leichtmetallräder	—	—	○
• Servolenkung	○	○	○
• Zentralverriegelung	—	—	○
• H4-Hauptscheinwerfer	○	○	○
• Nebelrückleuchte/Rückfahrscheinwerfer	○	○	○
Zusatzausstattung:			
• Antiblockiersystem (ABS)	DM 2 430,—	DM 2 430,—	DM 2 430,—
• Elektrisch betätigte Fensterheber	DM 701,—	DM 701,—	○
• Automatikgetriebe	DM 2 034,—	○	○
• Klimaanlage	DM 3 164,—	DM 3 164,—	DM 3 164,—
• Leichtmetallräder	DM 1 237,—	DM 1 237,—	○
• Lederausstattung	DM 1 356,—	DM 1 356,—	DM 1 356,—
…isch-/Waschanlage	DM 486,—	DM 486,—	DM 486,—
…fahrersitzheizung	je DM 260,—	je DM 260,—	je DM 260,—
…de Rundumverglasung	DM 384,—	DM 384,—	DM 384,—
…ung	DM 350,—	DM 350,—	○

…, lieferbar gegen Aufpreis; ○ = serienmäßig ab Werk

…g: 2,8 Liter-Sechszylinder

Üppige Leistung: 5,0 Liter-Achtzylinder

…rgnügen: 500 SL, Spitzenmodell der SL-Baureihe

280, 380 und 500 SL im Vergleich, veröffentlicht im Frühjahr 1982. Die Preise rangierten von 45.358 bis 63.088 Mark. ABS war mit 2430 Mark aufpreispflichtig, und Wärmeschutzverglasung schlug mit 384 Mark zu Buche.

Diesen ausführlichen Testbericht schrieb *ams*-Redakteur Götz Leyrer. Ihm hatte Entwicklungschef Prof. Breitschwerdt versichert, der SL werde ein »richtiges Cabrio ohne Überrollbügel« bleiben (wohl als Seitenhieb auf den Porsche Targa gedacht).

Julius Weitmanns Aufnahmen zeichneten sich nicht zuletzt durch eine führ ihn typische Perspektive aus: Auch Sportwagen lichtete der Meister gern so ab, dass man sie aus der Froschperspektive sah, ihnen also »unter den Rock« schaute.

selbst überlassen blieb — bei manuellem Durchschalten und Ausnutzen der bis 6500/min reichenden Drehzahlreserven kamen sogar nur 9,5 Sekunden heraus.

Wer trotz der lobenswerten Eigenschaften der Daimler-Automatik lieber kuppeln und schalten möchte — für den ist der 280 SL ohnehin die erste Wahl. Denn nur ihn gibt es mit mechanischem Viergang-getriebe, während die Achtzylinder-Modelle grundsätzlich mit Automatik ausgerüstet werden.

Für den Sechszylinder spricht überdies sein bescheidenes Trinkgebaren. Der Testwagen kam trotz überwiegend schneller Fahrweise auf einen durchschnittlichen Verbrauch von nur 14,9 L/100 km, und bei gemächlichem Dahinrollen war es auch kein Problem, mit nur etwa 12 L/100 km auszukommen.

Die beiden Achtzylinder langen da schon kräftiger hin. Der 380 SL und der nochmals stärker motorisierte 500 SL sorgten für einen Testverbrauch von 19,3 L/100 km, was zwar absolut gesehen ziemlich viel ist, in Anbetracht der Fahrleistungen aber immer noch als bescheiden gelten kann.

Ordentliche Sicht: Plastik-Heckscheibe

Freie Sicht: versenktes Stoff-Verdeck

Bei hohen Geschwindigkeiten laute Windgeräusche: Mercedes SL mit geschlossenem Dach

Angenehme Reise bis 120 km/h: Mercedes SL in geöffnetem Zustand

Dafür warten die V8-Motoren gegenüber dem ohnehin schon sehr kultiviert und nahezu vibrationsfrei laufenden Sechszylinder mit einem nochmals gepflegteren Laufverhalten auf, nicht zuletzt auch deshalb, weil sie soviel Leistung zu bieten haben, daß normalerweise selbst 3000 bis 4000/min genügen, um zügig voranzukommen.

Vollgas jedenfalls ist kaum jemals nötig — besonders nicht beim 500 SL, der Kraft wahrhaftig im Überfluß produziert. Obwohl die Automatik so ausgelegt wurde, daß sie in Stellung „D" auch bei Vollgas nicht die erste Fahrstufe bemüht, sondern den SL im zweiten Gang anfahren läßt, drehen sogar auf trockener Fahrbahn die Hinterräder durch, und anschließend geht es derart vehement zur Sache, daß bereits nach 7,3 Sekunden 100 km/h erreicht sind und nach nur 35,1 Sekunden die 200 km/h-Marke überschritten wird.

Den Wählhebel der Automatik muß man, um solch eindrucksvolle Werte zu erzielen, nicht anfassen: Ebenso wie auch beim 380 SL ergab sich keine Verbesserung, wenn die einzelnen Fahrstufen von Hand festgehalten wurden.

Der 3,8 Liter kann zwar mit dem fast schon übermotorisierten 500 SL nicht ganz mithalten, schreitet aber gleichfalls so energisch zur Tat, daß es nur wenigen Autos gelingt, sich ihm an die Fersen zu heften: 9,3 Sekunden von 0 auf 100 km/h — das ist nüchtern betrachtet immer noch mehr, als man bei einem offenen Auto braucht.

Die angegebenen Höchstgeschwindigkeiten wurden durchweg mit geschlossenem Stoff-

52 Test & Technik 12/1981

verdeck gemessen, denn das Hardtop ist ganz offensichtlich kein Musterbeispiel für aerodynamische Feinarbeit. „Das [illegible]ach", verrät Guido [illegible] Leiter des Fahrversuchs [illegible] Daimler-Benz, „kostet [illegible] Höchstgeschwindigkeit [illegible]tens fünf km/h."

[illegible]0 SL, der zur Probe die [illegible]g auch mit Hardtop [illegible]erte, bestätigte diese Voraussage. Mit festem Dach kam er auf „nur" 230,8 km/h, während er sich mit Stoffverdeck zu beachtlichen 236,8 km/h aufschwang.

Selbst bei so hohen Geschwindigkeiten fühlt man sich noch sehr wohl im SL, denn er läuft trotz seines kurzen Radstands ordentlich geradeaus und verfügt außerdem über kräftig und spursicher verzögernde Bremsen, die auch bei extremer Belastung allenfalls stinkende Qualmwolken verbreiten, in ihrer Wirkung aber nicht nennenswert nachlassen. Gegen Aufpreis gibt es zudem ein Antiblockiersystem (ABS), das sich speziell auf nasser Fahrbahn als nützlich erweist, bei extremer Glätte aber nicht so schnell reagiert, um ein Blockieren gänzlich zu verhindern.

Der schon erwähnte kurze Radstand der SL-Modelle machte es den Daimler-Ingenieuren sicher nicht leicht, für guten Federungskomfort zu sorgen, aber es läßt sich nicht leugnen, daß sie ihre Aufgabe gut gelöst haben. Von der Sanftheit einer Mercedes-Limousine oder des SLC-Coupés ist der Roadster zwar ein gutes Stück entfernt, aber er offeriert einen für Sportwagenmaßstäbe immer noch beachtlichen Komfort, der lediglich durch spürbare Vertikalbewegungen auf langen Bodenwellen bisweilen etwas beeinträchtigt wird.

[illegible] Verdeck-Konstruktion

Harte Polsterung, aber gute Seitenführung: SL-Sitze

[illegible]rt-Abteil für zwei: Innenraum des Mercedes SL

Ganz ohne Zweifel gehört der SL auf diesem Gebiet dennoch zu den kultiviertesten Sportwagen, die man heute kaufen kann, und auch seine Fahreigenschaften können sich sehen lassen.

Normalerweise verhält er sich in Kurven leicht untersteuernd bis neutral, wobei er sich mit der exakten und nicht zu leichtgängigen Servolenkung gut kontrollieren läßt. Aufmerksamkeit ist allerdings geboten, wenn schnelle Kurven mit Bodenwellen durchsetzt sind oder der Fahrer bei hoher Querbeschleunigung das Gas wegnimmt: In diesem Fall bleibt der SL nicht so gelassen wie die übrigen Mercedes-Modelle — er tendiert dann eindeutig zum Übersteuern und muß durch Zurücknehmen des Lenkeinschlags wieder auf den rechten Weg gebracht werden.

Aber dies sind nur Kleinigkeiten, die den positiven Gesamteindruck nur wenig trüben können. Im mageren Cabrio-Angebot ist der offene Mercedes jedenfalls eine der erfreulichsten Erscheinungen, und man kann nur hoffen, daß sich weiterhin genügend Leute finden, die von den stattlichen Preisen nicht abgeschreckt werden.

Daimler-Benz jedenfalls will ihn noch etliche Jahre weiterbauen, und wenn die Frage nach einem Nachfolger aktuell wird, hat Entwicklungschef Professor Breitschwerdt schon genaue Vorstellungen: „Ich werde alles daransetzen", so meinte er zu auto motor und sport, „daß der SL ein richtiges Cabrio ohne Überrollbügel bleibt." *Götz Leyrer* ▷

[illegible]1 Test & Technik 55

Namenstag

Test Mercedes 300 SL

Renaissance einer berühmten Sportwagen-Bezeichnung.

Von Klaus Westrup

Acht Jahre lang, von 1954 bis 1962, baute Daimler-Benz den schon zu Lebzeiten legendären 300 SL, zuerst ausschließlich als Coupé mit Flügeltüren, später, ab 1957, in Roadster-Version. Nach fast einem Vierteljahrhundert Pause kann man nun wieder einen 300 SL kaufen, aber er ist alles andere als ganz neu. Der für die mittlere Personenwagen-Modellreihe W 124 neu entwickelte Dreiliter-Sechszylinder fand Zugang in die immerhin seit 1971 produzierte SL-Baureihe, und schon war das berühmte Kürzel reaktiviert. 300 SL – wer kennt das nicht? Auch ohne Umfrageergebnisse abzuwarten, darf man davon ausgehen, daß der Bekanntheitsgrad im Volk wohl eindeutig über dem der Fischer-Chöre liegen wird.

Wie vielfach üblich im Automobilgeschäft, kündigt die Motorentransplantation einen wahrhaftigen Modellwechsel an. Bereits zur IAA 1987 wird Daimler-Benz den Nachfolger der jetzigen SL-Baureihe präsentieren – ein durch und durch neues Automobil, in dem sich als bekannte Elemente nur die schon jetzt verwendeten Sechs-

Foto: Schmid

20 auto motor sport Test & Technik

Einen 300 SL genannten Zweisitzer hatte es aus dem Hause Daimler-Benz bekanntlich schon einmal gegeben. Im August 1985 war auch der R 107 Sechszylinder ein 300 SL geworden, er war der Nachfolger des 280 SL.

Test Mercedes 300 SL

und Achtzylindermotoren finden werden. Der Dreiliter macht auch im neuen SL den Anfang; bis dahin beflügelt er einen Oldie und ersetzt jenen 2,8 Liter-Doppelnockenwellen-Sechszylinder, der bis vor kurzem auch im 124-Vorgänger und in der S-Klasse zu finden war. Der Motorwechsel wird begleitet von einem Paket von Modellpflegemaßnahmen, die Exterieur, Innenausstattung und Fahrwerk betreffen. Hier die wichtigsten Modifikationen, die für die komplette SL-Baureihe (300, 420 und 500) gelten:

- neuer Frontspoiler mit integriertem Lufteinlaß-Gitter
- beheizter Außenspiegel links
- stärker konturierte Sitze
- Flüssigkeitsstand-Anzeige für Motoröl, Kühlwasser und Scheibenwaschwasser
- elektronische Temperaturregelung
- modifizierte Vorderachse mit neuer Geometrie, kleinerer Lenkrollradius
- Festsattel-Scheibenbremsen mit größeren Bremsscheiben vorne.

Die wichtigste Aufwertung, der neue Dreiliter-Sechszylinder, präsentiert sich unter der geöffneten SL-Haube so schön übersichtlich, als wäre das Auto extra um ihn herum gebaut worden. In einer Zeit, in der Motorräume zunehmend häßlicher werden, ist der Sechszylinder-SL Jahrgang 86 eine Ausnahme: Unter der Haube findet sich trotz aller Modernität guter alter Maschinenbau – ohne wirre Schläuche und Leitungen, mit dem Ölmeßstab an der richtigen Stelle und dem fast alles antreibenden, hosenträgerbreiten Universalriemen mit der ewigen Lebensdauer am Kopfende der Maschine.

Es bleibt noch ein bißchen Platz für den zierlichen Behr-Kühler und schon endet der SL mit wulstigem Chromgesicht und dickem Stern in der Mitte.

Man hat es ohnehin mit einem der letzten Vollchrom-Autos zu tun. Vorne ist sehr viel, im Fensterbereich nicht wenig, sogar die mächtigen Türen lassen es beim Öffnen innen glänzen und zeigen nicht nur bei direkter Sonneneinstrahlung, daß der Besitzer Bankdirektor, Manager oder Schlagzeuger ist.

Die riesigen Instrumente im teilweise mit dunklem Wurzelholz versehenen Armaturenbrett sind an Übersichtlichkeit schwerlich zu übertreffen; sie haben sich über die Jahre nicht geändert und zeigen, daß Daimler-Benz nicht um des Änderns willen ändert. Gute Lösungen werden beibehalten, und es befremdet im Hause offenbar niemand, daß sie nun schon 15 Jahre gut sind.

Die Verbesserung der Sitze ist dagegen spürbar. Man sitzt ein wenig höher …
sichtlichkeit …
und man hat …
legenheit, de…
nostalgischer…
Autos kenn…
nicht vorhan…
dokumentier…
Luftwidersta…
0,44. Sie wir…
fühlbar in …
stehenden W…
die so ganz …
hubgesteuert…

Der große Klare aus dem Süden: Motorraum und Armaturenbrett zeigen bestmögliche Übersichtlichkeit. Das Hardtop zählt zum serienmäßigen Lieferumfang. Sein Gewicht beträgt 41 kg

Fotos: Moesch

22 auto motor sport Test & Technik

verzichten kann und es mit zwei bescheiden dimensionierten, in Grundstellung liebevoll übereinander kauernden Wischern gut sein läßt. Davor dann die eigenartig geblähte Motorhaube – ziemlich lang und gerade aus dieser Perspektive die klassischen Proportionen dieses Sportwagens verdeutlichend.

Hinten gibt es dagegen nicht mehr viel. Der SL ist ein reiner Zweisitzer, in dessen rückwärtigen Hohlräumen das Verdeck total geschluckt wird und der noch ein sehr passables Kofferabteil mit sich führt. Das Hardtop, 41 kg schwer und mit wenigen mitgelieferten soliden Instrumenten einfach zu montieren oder abzunehmen, gehört zum serienmäßigen Lieferumfang. Es macht den SL optisch zum Coupé, ohne daß damit natürlich die Verwindungssteifigkeit eines echten Mercedes-Coupés erreicht würde. Auf schlechten Straßen kündet gelegentliches Ächzen im Dachbereich und in den Türen davon, daß man in einem Roadster fährt, auch wenn dieser vollgetankt über anderthalb Tonnen wiegt.

Schwerer Maschinenbau also generell, da ist man natürlich gespannt, was der genau 188 PS (138 kW) bei 5700 Umdrehungen leistende Sechszylinder damit anstellen wird. Der Testwagen war mit dem serienmäßigen ZF-Fünfganggetriebe ausgerüstet (eine Viergang-Automatik ist auf Wunsch lieferbar), und er ist damit der einzige SL im kompletten Programm, bei dem per Hand geschaltet werden kann.

Nicht überraschen konnte zunächst einmal die Tatsache, daß die neue Maschine, mit der auto motor und sport bereits im 300 E und im 300 SE ausgiebig Bekanntschaft machte, auch im SL ihre Vorzüge eindrucksvoll in Szene setzt. Sie arbeitet auch in diesem Auto praktisch vibrationsfrei und läßt, ganz im Gegensatz zu ihren sonstigen Arbeitsplätzen, sogar ein wenig Sound ertönen. Es ist natürlich nicht das Geröhre eines alten SL, aber immerhin. Ab 4000 Touren liegt ein wenig Musik in der Luft, und viel höher muß man wegen der guten Durchzugskraft ohnehin selten drehen.

Die Fahrleistungen befinden sich auf dem Niveau des alten 280 SL. Aber keine Frage ebenfalls, daß sie müheloser realisiert werden, wie überhaupt der subjektive Eindruck großzügiger Motorisierung vorherrscht. Interessant ist ein Vergleich der maximalen Geschwindigkeiten von 300 SL und der gleich starken Limousine 300 E. Sie fährt dem Sportwagen auf und davon, mit 230 km/h zu 207. Verkehrte Welt? Nein, der Luftwiderstandsbeiwert, bei der Limousine mit 0,31 ungleich besser, liefert die Erklärung für das nur auf den ersten Blick eigentümliche Verhalten.

Windgeräusche gibt es bei höherem Tempo auch, aber die gemessenen 82 dB(A) bei nicht weniger als 200 km/h (Hardtop-Ausführung) können sogar noch als moderat gelten. Dank einer Verringerung des Auftriebs an der Vorderachse um 30 Prozent konnte auch der Geradeauslauf verbessert werden. Wie der Oldie, unbeeindruckt vom Wind, seine Bahn zieht, ist sehr beachtlich.

Auch in Kurven zeigt der modifizierte SL ein Verhalten, das so gar nicht zu dem paßt, wie man ihn gemeinhin einzuschätzen pflegt. Mit seiner exakten Servolenkung, sehr hohen möglichen Querbeschleunigungen und nunmehr nur geringen Lastwechselreaktionen bietet der betulich wirkende Langschnauzer ziemlich genau das, was man von einem reinrassigen Gran Turismo erwartet.

Dennoch, die Tage dieses Autos sind gezählt. Dann verschwindet die deutsche Eiche unter den Zweisitzern, endet der letzte Sindelfinger Barock. Der aktuelle Tip für Interessenten lautet auf 300 SL; mit einem Preis von rund 65 000 Mark ist er 18 000 Mark billiger als der 420er und über 25 000 Mark billiger als der 500 SL. Und das bei einem klangvolleren Namen.

Technische Daten und Meßwerte

Mercedes 300 SL

MOTOR
Wassergekühlter Sechszylinder-Reihenmotor vorn längs, siebenfach gelagerte Kurbelwelle, obenliegende Nockenwelle (Kettenantrieb), Ventile über Schlepphebel betätigt, mechanisch-elektronische Kraftstoffeinspritzung mit Schubabschaltung (Bosch KE-Jetronic), kontaktlos gesteuerte Transistor-Zündanlage.

Leistung 138 kW (188 PS) bei 5700/min, spezifische Leistung 46,6 kW/L (63,5 PS/L), Hubraum 2962 cm³, Bohrung × Hub 88,5 × 80,25 mm, Verdichtungsverhältnis 9,2:1, maximales Drehmoment 260 Nm bei 4450/min, mittlere Kolbengeschwindigkeit bei Nenndrehzahl 15,2 m/s, Ölinhalt Motor 6,0 L, Kühlsystem-Inhalt 8,0 L, Batterie 12 V 62 Ah, Drehstromlichtmaschine 980 Watt.

KRAFTÜBERTRAGUNG
Hinterradantrieb, vollsynchronisiertes Fünfganggetriebe, hydraulisch betätigte Einscheiben-Trockenkupplung.

Übersetzungen: I. 3,86, II. 2,18, III. 1,38, IV. 1,0, V. 0,80, R. 4,22, Achsantrieb 3,46:1, Geschwindigkeit bei 1000/min im V. Gang 42,8 km/h.

KAROSSERIE UND FAHRWERK
Zweisitziges Cabriolet mit zwei Türen und Hardtop, selbsttragende Karosserie.
Vorn Einzelradaufhängung mit Doppelquerlenkern, Schraubenfedern, Stabilisator, hinten Einzelradaufhängung mit Schräglenkern, Schraubenfedern, Gasdruckstoßdämpfer, Stabilisator, servounterstützte Kugelumlauflenkung, hydraulische Zweikreisbremsanlage, vorn und hinten Scheibenbremsen, vorn innenbelüftet, Bremskraftverstärker, Feststellbremse auf die Hinterräder wirkend.
Felgengröße 7 J × 15, Reifengröße 205/65 VR 15.

ABMESSUNGEN UND GEWICHTE
Radstand 2460 mm, Spur vorn/hinten 1461/1465 mm, Außenmaße 4390 × 1790 × 1305 mm, Innenbreite vorn 1375 mm, Innenhöhe vorn 900 mm, Sitztiefe vorn 510 mm, Wendekreis rechts/links 10,4/10,4 m, 2¾ Lenkradumdrehungen, Lenkraddurchmesser 390 mm, Kofferraumvolumen nach VDA-Norm 260 L, Tankinhalt 85 L. Leergewicht 1524 kg, Gewichtsverteilung vorn/hinten 52,0/48,0 %, zulässiges Gesamtgewicht 1930 kg, Zuladung 406 kg, Personenindexzahl 4,8, zulässige Anhängelast gebremst 1500 kg, ungebremst 750 kg, Dachlast 30 kg.

FAHRLEISTUNGEN
Höchstgeschwindigkeit (Drehzahl 6000/min, IV. Gang) 207 km/h

Beschleunigung	
0– 60 km/h	4,1 s
0– 80 km/h	6,1 s
0–100 km/h	8,8 s
0–120 km/h	12,9 s
0–140 km/h	17,2 s
0–160 km/h	24,3 s
0–180 km/h	34,7 s
400 m mit steh. Start	16,3 s
1 km mit steh. Start	30,1 s
Elastizität	
40–100 km/h (IV. Gang)	15,6 s
60–120 km/h (V. Gang)	23,6 s

Tachometerabweichung Anzeige	effektiv
50 km/h	47 km/h
80 km/h	75 km/h
100 km/h	95 km/h
130 km/h	122 km/h
140 km/h	132 km/h
160 km/h	150 km/h
180 km/h	168 km/h
200 km/h	186 km/h
Kilometerzählerabweichung	+ 1,5 %

INNENGERÄUSCH	
Bei 50 km/h	63 dB(A)
Bei 100 km/h	70 dB(A)
Bei 130 km/h	73 dB(A)
Bei 140 km/h	73 dB(A)
Bei 160 km/h	78 dB(A)
Bei 180 km/h	80 dB(A)
Bei 200 km/h	82 dB(A)

KRAFTSTOFFVERBRAUCH DIN-Verbrauch	in L/100 km
Bei 90 km/h im V. Gang	8,1
Bei 120 km/h im V. Gang	10,2
Stadtverkehr	14,5

Verbrauchswerte im Test	in L/100 km
Minimalverbrauch	10,6
Maximalverbrauch	13,9
Testverbrauch	12,5
Kraftstoffart	Super

LENK- UND PEDALKRÄFTE	
Lenkung im Stand	35 N
Lenkung bei Fahrt	28 N
Kupplungspedal	50 N
Gaspedal	10 N
Bremspedal bei 80% Verzögerung	120 N

WARTUNG	
Inspektion	alle 20 000 km
Ölwechsel	alle 10 000 km

PREIS
Mercedes 300 SL DM 64 581,–

5/1986 Test & Technik auto motor sport 23

Ausführliche Beschreibung des neuen 300 SL in einem Testbericht, den *ams* pünktlich zur Einführung des Sechszylinders veröffentlichte. Der Basispreis des Wagens betrug 64.581 Mark, mehr als das Doppelte des 350 SL bei dessen Vorstellung.

Der SLC im Motorsport

Weder der SL noch der SLC waren als Sportwagen im Wortsinne konzipiert. Aber wie mit den großen Limousinen hochkarätige Wettbewerbe bestritten und gewonnen wurden, so bewies auch der SLC, dass er Siegerqualitäten hatte, wenn man ihn auf die Probe stellte. Einen ersten Eindruck seiner Wettbewerbsfähigkeit vermittelte ein vom Werk auf 450 PS getunter (und im Gewicht um 400 kg abgemagerter) 450 SLC im September 1973 auf dem Nürburgring. Es waren zwar nur Proberunden, die der bekannte Renn- und Rallyefahrer Dieter Glemser absolvierte, aber er drehte sie in Rekordzeiten. Einen für den echten Sporteinsatz hergerichteten 450 SLC schuf Anfang 1978 Hans-Werner Aufrecht in der damals noch wenig bekannten Firma AMG. Daimler-Benz war an diesem Projekt nicht beteiligt. Das Team Heyer/Schickentanz erzielte mit dem Wagen einige Achtungserfolge. Für eine Qualifikation zum 24-Stunden-Rennen von Le Mans reichte es leider nicht. Zwei Jahr später trat AMG erneut mit einem 450 SL an, der in Monza einen zweiten Platz in der Gesamtwertung und auf dem Nürburgring sogar einen ersten Platz belegen konnte.

Schwabenpfeil

Die Tuning-Firma AMG startet mit einem Mercedes 450 SLC in der Tourenwagen-Europameisterschaft.

Wenn ein in Schwaben gefertigter Mercedes Silberpfeil bis Mitte der fünfziger Jahre auf irgendeiner Rennstrecke der Welt anrollte, fiel den Konkurrenten in der Regel das Lachen nicht mehr leicht.

Die Pfeil-Renner hatten den Ruf der Unbesiegbaren. Heute, mehr als zwei Jahrzehnte später, behauptet die Mercedes-Benz-Manufaktur zwar von sich, die besten Autos der Welt zu bauen, aber in puncto Rennsport sieht es für die schwäbischen Wert-Arbeiter mittlerweile freilich recht trist aus.

Doch weil es im Dorf Affalterbach, 30 Kilometer von Stuttgart entfernt, eine kleine verschwo-

Fotos: Seufert

232 Sport

Sport 233

Was für ein Auto die Tuningfirma AMG – damals noch ein privates Kleinunternehmen – aus dem 450 SLC zu machen verstand, beschrieb *ams* unter Verwendung attraktiver Fotos von H.-P. Seufert.

Das Werk hingegen verfolgte andere Pläne, sich im Tourenwagensport zu profilieren, und präparierte einige Rallyewagen. Wie schon in früheren Jahren, schickte Daimler-Benz eine Equipe nach Südamerika: Dort gingen drei brisant hergerichtete 450 SLC an den Start der über 30.000 km führenden »Vuelta a la America del Sud«. Die Briten Andrew Cowan (der mit Stuttgarter Autos auch zahlreiche andere Wettbewerbe fuhr) und Cohn Malkin errangen gegen harte Konkurrenz den Gesamtsieg, gefolgt von ihren Teamkollegen Zasada/Kaiser auf Platz zwei. Einen mindestens ebenso spektakulären Erfolg fuhr der 450 SL bei der darauffolgenden Rallye Bandama in Afrika ein: Die Wagen belegten die ersten vier Plätze.

Auto ZEITUNG

C 5337 DX
22.3.78
Nr. 7
2,50 DM

SO TRAINIERT PORSCHE FÜR LE MANS

DAS IST DER NEUE SUPER-STAR:
Ein 450 SLC Automatik mit 520 PS soll in diesem Jahr Europameister werden

DER MERCEDES KNÜLLER

TOLLER KÄFER
Test: VW-Cabrio von Oettinger mit Zweilitermotor und 85 PS

TESTFAHRER
Neuer Berufsreport über einen Traumjob in der Industrie

NEUER CAPRI
Erster Test: Was Fords sportliche Limousine jetzt besser macht

AUTO-URLAUB
Untersuchung: Wie die Deutschen mit ihren Wagen verreisen

FLOTTER ALFA
Der erste Test des neuen Familien-Flitzers: Alfasud ti mit 75 PS

MOTORSPORT
Aktuell: Rennsportmeisterschaft in Zolder; GP Südafrika u.v.a.

1978 stellte auch die *Auto Zeitung* den 450 SLC mit 320-PS-Motor vor, der in der Europameisterschaft antreten sollte.

AUTO & SPORT

300 PS aus fünf Litern Hubraum in Aktion: Kraft im Überfluß hinterläßt lange schwarze Striche auf dem Asphalt

Nr. 10. Rallye-Souvenir

Daimler-Kraftwerk: Äußerlich fast unverändert

Scheinwerfer-Schutzgitter

Tankstutzen serienmäßig

Afrika ist weit. Doch finden dort jene motorsportlichen Veranstaltungen statt, die auf dem Terminkalender der Daimler-Benz-Aktiven dick mit Rotstift angekreuzt sind: die Safari-Rallye in Kenia und die Bandama an der Elfenbeinküste. Bei der Safari 1979 mußte man noch einem Japaner den Vortritt lassen, das kürzliche Spektakel an der Elfenbeinküste hätte ebensogut auch auf dem Mercedes-Versuchsgelände stattfinden können, so programmgemäß lief alles für Daimler ab. Schließlich verbuchten die Schwaben einen Vierfachsieg.

Äußerlich ist ein Rallye-Daimler nur mit dem Nötigsten bestückt, was für eine möglichst rasche Buschdurchquerung förderlich ist. Andere potentielle Siegerautos sehen dagegen brutaler aus, machen mehr auf Schau.

Mit einem 450 SLC 5.0 in Rallye-Version ließe sich werktags durchaus zur Arbeit fahren. Die Buschpiloten genießen sogar einen Hauch von Komfort: Den

Ende einer Dienstfahrt: Festgefahren im Schnee

80

Mit diesem 450 SLC 5.0 ging Daimler-Benz nach Afrika. Redakteure der *Auto Zeitung* unterzogen den speziell präparierten Wagen einem Probegalopp im winterlichen Deutschland.

Offenbar hatten diese Erfolge das Haus Daimler-Benz veranlasst, der Sportabteilung unter Erich Waxenberger einen höheren Stellwert zuzuerkennen. Sie bekam ein eigenes Gebäude und Spezialwerkstätten zugewiesen. Hier entstanden ab 1980 eine Reihe von 450 SLC in Rallye-Ausführungen von 300 bis 350 PS, die allerdings nur Ferner-Liefen-Plätze zu belegen vermochten. Erst mit dem neuen 5,0-Liter-Motor gab es bessere Erfolge. Ein 5.0 SLC wurde unter Mikkola/Herz Zweiter bei der Rallye Codasur in Argentinien und unter Waldegaard/Thorszelius Sieger bei der 1980er Bandama-Rallye; auch den zweiten und den vierten Platz belegten 500-SLC-Fahrer.

MERCEDES-EXTRA

Vortest: Mercedes 450 SLC 5.0

Ein 450 SLC ist in keiner Gesellschaft ein langsames Auto. Von einer Version mit zehn Prozent mehr Leistung, zwölf Prozent mehr Drehmoment und 120 kg (sieben Prozent) weniger Gewicht kann man schon einiges erwarten: sicher keinen Porsche turbo, aber einen Wagen, der einen fast optimalen Kompromiß zwischen Komfort und Fahrleistungen bietet.

Die Abmagerung erfolgte keineswegs auf Kosten der Ausstattung, aber dem neuen Fünf-Liter-V 8-Aluminiummotor sind von den eingesparten 120 kg nur rund 40 kg zuzuschreiben, die eine erfreuliche Entlastung der Vorderachse bringen. Die restlichen 80 kg können auch nicht allein von den Hauben und Türen aus Aluminium und von den Leichtmetallrädern kommen. Das Rätsel geht erst mit der Bodengruppe auf. Der normale SLC hat einen verlängerten SL-Boden, der für das Cabrio als einziges tragendes Element konstruiert wurde. Ein solcher Boden ist für ein Coupé, das eine geschlossene tragende Einheit bildet, unnötig schwer, und deshalb bekam die neueste Version eine völlig neue, vereinfachte Bodengruppe aus dünnerem Blech, die ungefähr ein Drittel der gesamten Gewichtseinsparung darstellt. Bis auf die keineswegs aggressiv wirkenden vorderen und hinteren Spoiler und auf das 5.0-Schriftzeichen auf dem Kofferraumdeckel gibt es äußerlich nichts, das den Wolf im Schafspelz zeigt.

Vom neuen Modell fuhr ich zwei verschiedene Exemplare. Den ersten völlig serienmäßigen Wagen übernahm ich in Stuttgart und fuhr ihn, teils auf normalen Bundesstraßen, teils auf der Autobahn, nach Hokkenheim. Es regnete stark, und auf der Landstraße war unter diesen Umständen zum normalen 450 SLC kein großer Unterschied zu merken. Der Wagen macht einen sehr kultivierten Eindruck, und nur wenn man im zweiten Gang der Automatik bis in die höheren Drehzahlen beschleunigt, bekommt man zu hören, daß der Maschine einiges abverlangt wird. Laut geht es dabei aber nie zu.

Auf dem Hockenheimring übernahm ich dann ein anderes Fahrzeug, das mit einem Sperrdifferential ausgerüstet und dessen Fahrwerk etwas sportlich härter abgestimmt war. Der Wagen wird damit etwas weniger komfortabel, würde meinen eigenen Ansprüchen aber noch weitaus genügen. Mit diesem um die Rennstrecke zu fahren, war ein reines Vergnügen, wenn auch auf der regennassen Bahn von den Fahrwerksmodifikationen wahrscheinlich nur das Sperrdifferential einen Vorteil brachte – und das auch nur auf dem Motodrom-Teil.

Die leicht, exakt und gut progressiv arbeitende Servolenkung läßt das Fahrzeug gefühlsmäßig viel handlicher und kleiner erscheinen, als es eigentlich ist. Noch besser wäre es, wenn sich der Hersteller endlich dazu entschließen würde, ein zur Servolenkung besser passendes, kleineres Lenkrad vorzusehen.

Die für meinen Geschmack zu starke Untersteuertendenz früherer SL-Modelle ist einem ausgewogenen Fahrverhalten gewichen. Dabei ist der Geradeauslauf nach wie vor hervor-

Ganz Untertürkheimer Understatement ist das neue SLC-Modell von Daimler-Benz: sein Leichtmetall-Achtzylindermotor schöpft aus 5 l Hubraum 240 PS (177 kW)

Joker für den Sport?

Kernstück des stärksten Mercedes-Sportwagens ist das 5-Liter-Leichtmetalltriebwerk, das bei Daimler gleichzeitig die kommende Alumotoren-Generation einleitet (o.). Außen tragen der gesteigerten Leistung ein dezenter Frontspoiler und eine Gummilippe am Heck Rechnung (r.), während das Cockpit in unverändertem Zustand belassen wurde (u.)

ragend. Auf der nassen Fahrbahn erreichte der 5.0 laut Tacho (bei DB meist nicht übermäßig optimistisch) vor der Ostkurve 240 km/h, und auch scharfes Anbremsen der unter den herrschenden Verhältnissen mit ca. 150 km/h durchfahrbaren Kurve brachte ihn nie aus der Ruhe. Die neuen Spoiler dürften hier eine nicht unwesentliche Rolle spielen. Genauso eindrucksvoll war das Fahrverhalten auf dem Motodrom, wo im fest eingelegten zweiten Gang der Automatik der Wagen im kontrollierten Drift aus den verschiedenen Kurven schoß.

Fahrleistungsmessungen konnten – schon wegen des schlechten Wetters – nicht vorgenommen werden, aber daß der 5.0 schnell ist, zeigen schon die zwar mit Hilfe eines mäßigen Rückenwinds, jedoch auf bremsender Nässe vor der Ostkurve angezeigten 240 km/h. Auch in der Beschleunigung liegt das neue Coupé gefühlsmäßig in der gleichen Klasse wie die 6,9-Liter-Limousine.

Ein 6,9 stand damals leider nicht zur Verfügung, aber zum Vergleich fuhr ich sofort nach dem Fünfliter-Coupé, in welchem meine Rundenzeiten unter den herrschenden miserablen Verhältnissen um 2.42 min lagen, eine 450 SE-Limousine der neuesten Ausführung mit wieder 225 PS. Der 450 SE ist bekanntlich auch keine lahme Ente, war aber in weniger als 2.51 min nicht um den Kurs zu bringen. Da im Regen die Fahrwerksunterschiede kaum zur Geltung kommen konnten und das Sperrdifferential des Coupés von den 9 sec Unterschied kaum mehr als eine bringen konnte, ist die Differenz der Rundenzeiten fast allein den Fahrleistungen zuzuschreiben. Und 9 sec sind bei Zeiten um 2¾ Minuten sehr viel.

Paul Frère

Die zum Teil aus Alu gefertigte Karosserie hebt sich kaum von den übrigen SLC-Modellen ab

Fotos: Archiv

sport auto 4/1978 83

Als das Haus Daimler-Benz für 1978 sein Engagement im Rallyesport bekannt gab, machte die Meldung Schlagzeilen. Dies ist der damals veröffentlichte Bericht im Magazin *sport auto.*

MERCEDES-EXTRA

AMG-Rennmercedes

Die im württembergischen Affalterbach ansässige Firma AMG war schon immer für Überraschungen gut: Als 1971 ein roter 300 SEL/6,8 Liter in Spa-Francorchamps auftauchte und dort auch noch hinter dem siegreichen Capri von Glemser/Soler-Roig zweiter wurde, war alle Welt erstaunt. Die Hoffnung, daß Mercedes offiziell wieder zum Motorsport zurückfinden würde, keimte erneut auf. Die kleine Firma AMG verstieg sich im Freudentaumel in ein Interserie-Projekt, um gegen die dominierenden Porsche-Boliden anzutreten. Doch der McLaren-Sportwagen mit Mercedes-Turbomotor war 1972 sportlich und finanziell eine Pleite. Die Ölkrise in den folgenden Jahren brachte weitere Sportambitionen von AMG zum Stillstand.

Anfang 1977 liebäugelte Firmenchef Hans-Werner Aufrecht bereits mit dem Einsatz eines 450 SLC in der Tourenwagen-Europameisterschaft. Doch mangels geeigneter technischer Voraussetzungen (nur Automatik-Getriebe, keine Trockensumpfschmierung) wurde dieser Plan zurückgestellt, auch wenn die Jaguar-Offensive und das Alpina-BMW-Coupé als Gegner noch so sehr reizten. Erst als das Projekt finanziell abgesichert war, konnte im Oktober 1977 der Startschuß fallen. Hans Heyer, der durch seine früheren AMG-Einsätze beste Kontakte zu Hans-Werner Aufrecht besitzt, hatte die Firma Mampe als Sponsor ins Spiel gebracht.

Mampe-Chef Maurer nutzte die Chance, neben den schwarzlackierten Halb-und-Halb-Escort für ein anderes Produkt seines Hauses, nämlich Lufthansa-Cocktails, werben zu können und gab den Anstoß zur silbernen Lackierung. Eine Summe von rund einer Viertelmillion Mark schaffte die finanziellen Voraussetzungen zum Aufbau des Renn-Mercedes, für den es jetzt auch eine bessere Basis gab: den 450 SLC 5.0. Da der Produktions-Beginn des neuen Leichtbau-Coupés, das rund 115 kg leichter ist und über einen hubraumstärkeren Motor verfügt, erst Frühjahr 1978 erfolgte, plante AMG die 78er-Saison folgendermaßen: Premiere beim zweiten Lauf zur Tourenwagen-EM, denn Pilot Hans Heyer stand wegen des Rennsportmeisterschafts-Einsatzes in Zolder für das erste Rennen in Brands Hatch nicht zur Verfügung. Auf Vorschlag von Heyer assistiert ihm als Co-Pilot der frühere AMG- und spätere Porsche-Fahrer Clemens Schickentanz. Bei weiteren Terminüberschneidungen rücken für Heyer junge Nachwuchsmänner, die sich wie Heyer im Kart-Sport hervorgetan haben, ins Team auf. Aufrecht denkt dabei an Fahrer wie Korten, Hahne, Brutschin oder Bellof.

Ab dem dritten Rennen in Salzburg soll es sogar einen zweiten Mampe-AMG-Mercedes geben, den aber nicht, wie ursprünglich geplant, Dieter Quester fahren wird. Statt dessen sind zwei alte AMG-Stammkunden, nämlich Ex-Europameister Siegfried Müller und Thomas Datzmann im Gespräch. Die Rohkarosse dazu steht bereits in Affalterbach. Das Auto wird zwar ebenfalls in Mampe-Lackierung glänzen, soll aber finanziell von seinen Fahrern getragen werden. Sobald die für die Homologation des 450 SLC 5.0

Nach langer Pause wird wieder ein Mercedes bei internationalen Rundstreckenrennen dabeisein. Obwohl in der Daimler-Hausfarbe Silber lackiert, handelt es sich nicht um ein Werksauto, sondern um ein Renngerät der Tuningfirma AMG, das mit Geldern der Spirituosen-Firma Mampe bei der Tourenwagen-Europameisterschaft starten soll

Vorreiter

AMG-Sponsor Mampe war lange im Zweifel, ob er den Mercedes à la Zakspeed-Escort oder Daimler-like in Silber lackieren soll, was auch Co-Sponsor Castrol entgegenkam

Der Steppenwolf

Wie Mercedes den 450 SLC für die Safari-Rallye umrüstete.

Seit den glorreichen Zeiten, da in Stuttgart die Silberpfeile auszogen, um Rennen in aller Welt nahezu spielerisch zu gewinnen, rollte kein Mercedes mehr in den Sport-Vergleichskampf, der die Leistungs-Schallmauer von 300 PS überschritt.

Fast ein Vierteljahrhundert danach haben die Schwaben aus Untertürkheim wieder einen 300 PS-Renner parat: ein Auto, das sich als Steppenwolf durchsetzen soll, ein Nobel-Mercedes, für die übelste Motorschlacht der Welt mit schwäbischer Gründlichkeit präpariert.

Der Stern-Wagen mit über 300 PS heißt 450 SLC 5.0, die Steppenschlacht ist als „Safari" bekannt und wird alljährlich vom Gründonnerstag bis zum Ostermontag an fünf Tagen über 5000 km rund um Kenias Hauptstadt Nairobi ausgefochten.

Mit den Silberpfeilen von einst hat der neue Rallye-Mercedes freilich nur mehr die Farbe und den Familiennamen gemein. Das liegt an der neuen Sport-Philosophie von Mercedes: „Wir wollen mit möglichst seriennahen Fahrzeugen die Beanspruchungen einer harten Langstrecken-Rallye überstehen", steckt Versuchschef Erich Waxenberger, 45, die neue sportliche Marschroute der Schwaben ab.

„Möglichst seriennah" bedeutet für das Rallye-Mobil aus Untertürkheim dennoch eine nachhaltige Überarbeitungskur. Rein äußerlich sieht man dem Auto allerdings nicht sofort an, welch schweres Aufgabengebiet ihm seine Erbauer zugedacht haben: Lediglich ein Schutzbügel (intern „Kuhfänger" genannt) ziert die Frontpartie und rahmt vier Zusatz-Scheinwerfer ein; eine ähnliche, mit Grifflösen versehene Konstruktion umfängt die hintere Stoßstange. „Sonst packen die Schwarzen in Kenia den

»Vorreiter«, »Steppenwolf« – an Vorschusslorbeeren und gezielten Blicken hinter die Kulissen fehlte es nicht, als der SLC rallyetauglich gemacht wurde. Der Einstieg vollzog sich bescheiden, doch dann begann, wie erwartet, der Stern zu strahlen …

Etliche Erfolge gab es auch durch privat gemeldete Fahrzeuge der »Scuderia Kassel« bei verschiedenen Läufen zur Deutschen Rallyemeisterschaft. 1981 setzte Daimler-Benz die Aktivitäten aus, obwohl man gerade erst Walter Röhrl verpflichtet hatte. Das in *auto, motor und sport* veröffentlichte Interview mit Mercedes-Chef Breitschwerdt zu den Gründen des Ausstiegs führten bemerkenswerterweise die Redakteure Norbert Haug und Uwe Brodbeck. Was beide Anfang 1980 gewiss noch nicht ahnten: Haug wurde später Chef des Mercedes-Formel-1-Teams, Brodbeck Leiter der Presseabteilung ...

Zwei mit 300 PS kräftig motorisierte 500 SLC nahmen indes 1984 an der Rallye Paris–Dakar teil. Die von Jochen Mass und Albert Pfuhl gesteuerten Coupés erwiesen sich auch offroad als sehr schnell, der Allrad-Konkurrenz waren sie jedoch unterlegen. Zudem landete Mass nach einem Luftsprung so hart auf einem Felsbrocken, dass die Reparatur an seinem Fahrzeug ihn um einen ganzen Tag zurückwarf. Er erreichte das Ziel nach 10.000 wilden Kilometern noch auf Platz 62; Pfuhl war als Nr. 44 in Dakar angekommen.

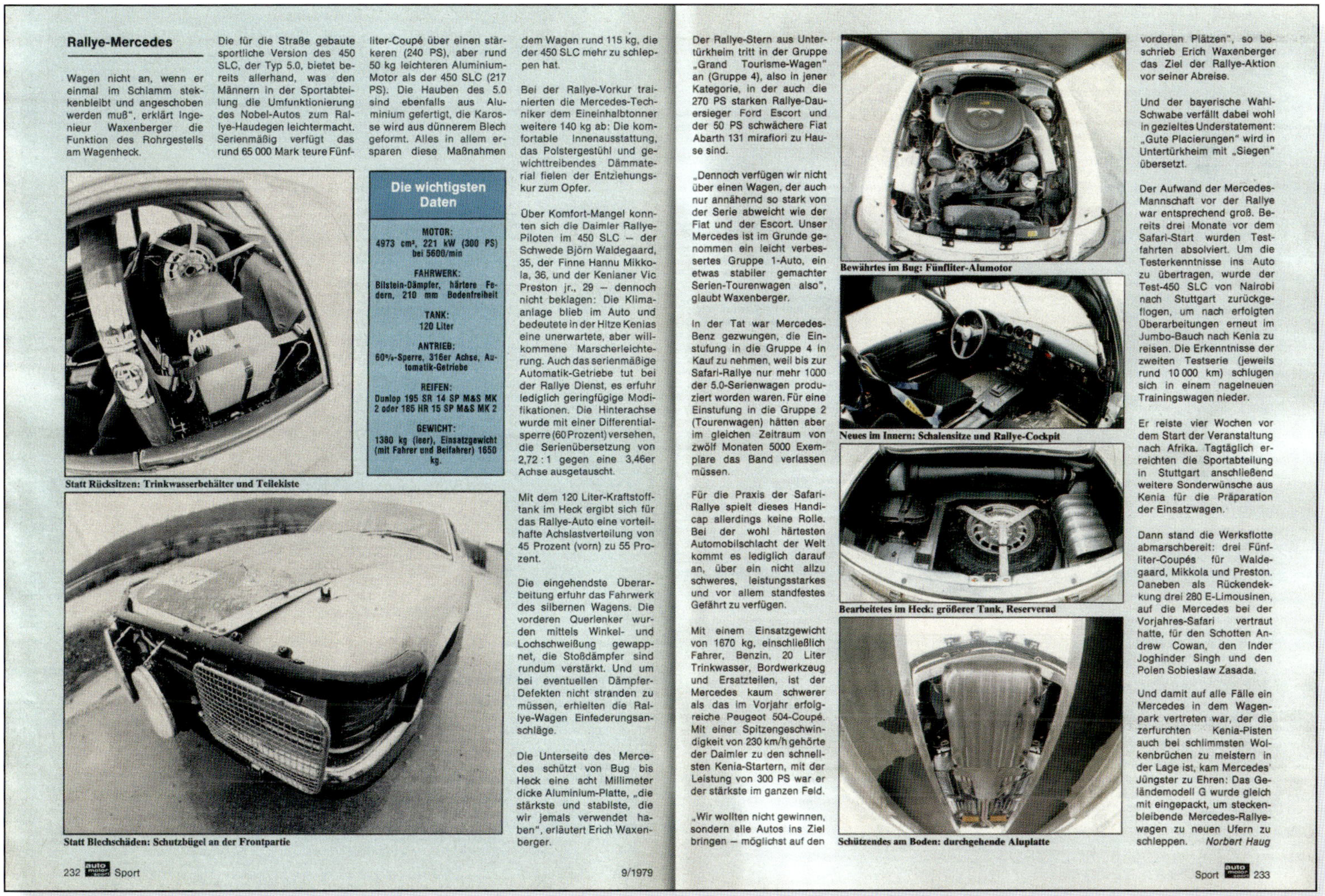

Rallye-Mercedes

Wagen nicht an, wenn er einmal im Schlamm stekkenbleibt und angeschoben werden muß", erklärt Ingenieur Waxenberger die Funktion des Rohrgestells am Wagenheck.

Die für die Straße gebaute sportliche Version des 450 SLC, der Typ 5.0, bietet bereits allerhand, was den Männern in der Sportabteilung die Umfunktionierung des Nobel-Autos zum Rallye-Haudegen leichtermacht. Serienmäßig verfügt das rund 65 000 Mark teure Fünfliter-Coupé über einen stärkeren (240 PS), aber rund 50 kg leichteren Aluminium-Motor als der 450 SLC (217 PS). Die Hauben des 5.0 sind ebenfalls aus Aluminium gefertigt, die Karosse wird aus dünnerem Blech geformt. Alles in allem ersparen diese Maßnahmen dem Wagen rund 115 kg, die der 450 SLC mehr zu schleppen hat.

Bei der Rallye-Vorkur trainierten die Mercedes-Techniker dem Eineinhalbtonner weitere 140 kg ab: Die komfortable Innenausstattung, das Polstergestühl und gewichttreibendes Dämmaterial fielen der Entziehungskur zum Opfer.

Über Komfort-Mangel konnten sich die Daimler Rallye-Piloten im 450 SLC – der Schwede Björn Waldegaard, 35, der Finne Hannu Mikkola, 36, und der Kenianer Vic Preston jr., 29 – dennoch nicht beklagen: Die Klimaanlage blieb im Auto und bedeutete in der Hitze Kenias eine unerwartete, aber willkommene Marscherleichterung. Auch das serienmäßige Automatik-Getriebe tut bei der Rallye Dienst, es erfuhr lediglich geringfügige Modifikationen. Die Hinterachse wurde mit einer Differentialsperre (60 Prozent) versehen, die Serienübersetzung von 2,72 : 1 gegen eine 3,46er Achse ausgetauscht.

Mit dem 120 Liter-Kraftstofftank im Heck ergibt sich für das Rallye-Auto eine vorteilhafte Achslastverteilung von 45 Prozent (vorn) zu 55 Prozent.

Die eingehendste Überarbeitung erfuhr das Fahrwerk des silbernen Wagens. Die vorderen Querlenker wurden mittels Winkel- und Lochschweißung gewappnet, die Stoßdämpfer sind rundum verstärkt. Und um bei eventuellen Dämpfer-Defekten nicht stranden zu müssen, erhielten die Rallye-Wagen Einfederungsanschläge.

Die Unterseite des Mercedes schützt von Bug bis Heck eine acht Millimeter dicke Aluminium-Platte, „die stärkste und stabilste, die wir jemals verwendet haben", erläutert Erich Waxenberger.

Die wichtigsten Daten

MOTOR:
4973 cm^3, 221 kW (300 PS) bei 5600/min

FAHRWERK:
Bilstein-Dämpfer, härtere Federn, 210 mm Bodenfreiheit

TANK:
120 Liter

ANTRIEB:
60%-Sperre, 316er Achse, Automatik-Getriebe

REIFEN:
Dunlop 195 SR 14 SP M&S MK 2 oder 185 HR 15 SP M&S MK 2

GEWICHT:
1380 kg (leer), Einsatzgewicht (mit Fahrer und Beifahrer) 1650 kg.

Statt Rücksitzen: Trinkwasserbehälter und Teilekiste

Statt Blechschäden: Schutzbügel an der Frontpartie

232 auto motor sport Sport 9/1979

Der Rallye-Stern aus Untertürkheim tritt in der Gruppe „Grand Tourisme-Wagen" an (Gruppe 4), also in jener Kategorie, in der auch die 270 PS starken Rallye-Dauersieger Ford Escort und der 50 PS schwächere Fiat Abarth 131 mirafiori zu Hause sind.

„Dennoch verfügen wir nicht über einen Wagen, der auch nur annähernd so stark von der Serie abweicht wie der Fiat und der Escort. Unser Mercedes ist im Grunde genommen ein leicht verbessertes Gruppe 1-Auto, ein etwas stabiler gemachter Serien-Tourenwagen also", glaubt Waxenberger.

In der Tat war Mercedes-Benz gezwungen, die Einstufung in die Gruppe 4 in Kauf zu nehmen, weil bis zur Safari-Rallye nur mehr 1000 der 5.0-Serienwagen produziert worden waren. Für eine Einstufung in die Gruppe 2 (Tourenwagen) hätten aber im gleichen Zeitraum von zwölf Monaten 5000 Exemplare das Band verlassen müssen.

Für die Praxis der Safari-Rallye spielt dieses Handicap allerdings keine Rolle. Bei der wohl härtesten Automobilschlacht der Welt kommt es lediglich darauf an, über ein nicht allzu schweres, leistungsstarkes und vor allem standfestes Gefährt zu verfügen.

Mit einem Einsatzgewicht von 1670 kg, einschließlich Fahrer, Benzin, 20 Liter Trinkwasser, Bordwerkzeug und Ersatzteilen, ist der Mercedes kaum schwerer als das im Vorjahr erfolgreiche Peugeot 504-Coupé. Mit einer Spitzengeschwindigkeit von 230 km/h gehörte der Daimler zu den schnellsten Kenia-Startern, mit der Leistung von 300 PS war er der stärkste im ganzen Feld.

„Wir wollten nicht gewinnen, sondern alle Autos ins Ziel bringen – möglichst auf den vorderen Plätzen", so beschrieb Erich Waxenberger das Ziel der Rallye-Aktion vor seiner Abreise.

Und der bayerische Wahl-Schwabe verfällt dabei wohl in gezieltes Understatement: „Gute Placierungen" wird in Untertürkheim mit „Siegen" übersetzt.

Der Aufwand der Mercedes-Mannschaft vor der Rallye war entsprechend groß. Bereits drei Monate vor dem Safari-Start wurden Testfahrten absolviert. Um die Testerkenntnisse ins Auto zu übertragen, wurde der Test-450 SLC von Nairobi nach Stuttgart zurückgeflogen, um nach erfolgten Überarbeitungen erneut im Jumbo-Bauch nach Kenia zu reisen. Die Erkenntnisse der zweiten Testserie (jeweils rund 10 000 km) schlugen sich in einem nagelneuen Trainingswagen nieder.

Er reiste vier Wochen vor dem Start der Veranstaltung nach Afrika. Tagtäglich erreichten die Sportabteilung in Stuttgart anschließend weitere Sonderwünsche aus Kenia für die Präparation der Einsatzwagen.

Dann stand die Werksflotte abmarschbereit: drei Fünfliter-Coupés für Waldegaard, Mikkola und Preston. Daneben als Rückendekkung drei 280 E-Limousinen, auf die Mercedes bei der Vorjahres-Safari vertraut hatte, für den Schotten Andrew Cowan, den Inder Joghinder Singh und den Polen Sobieslaw Zasada.

Und damit auf alle Fälle ein Mercedes in dem Wagenpark vertreten war, der die zerfurchten Kenia-Pisten auch bei schlimmsten Wolkenbrüchen zu meistern in der Lage ist, kam Mercedes' Jüngster zu Ehren: Das Geländemodell G wurde gleich mit eingepackt, um steckenbleibende Mercedes-Rallyewagen zu neuen Ufern zu schleppen. *Norbert Haug*

Bewährtes im Bug: Fünfliter-Alumotor

Neues im Innern: Schalensitze und Rallye-Cockpit

Bearbeitetes im Heck: größerer Tank, Reserverad

Schützendes am Boden: durchgehende Aluplatte

Sport auto motor sport 233

Beschreibung des Rallye-Mercedes in *auto, motor und sport.* Autor: Norbert Haug, der spätere Rennleiter des Hauses Daimler-Benz. Die Verzerrungen durch ein Fish-eye-Objektiv verleihen den Fotos etwas Groteskes.

Auf die Nase gefallen

Die Daimler-Sportler testeten auf brutalsten Pisten. Was ein Rallyeauto werden sollte, wurde auf übelste Weise geprügelt, Schwachstellen sollten schonungslos aufgedeckt werden. Es gab teuren Schrott und zum Schluß die Erkenntnis: Für den Sport muß ein Spezialauto gebaut werden. Weil dies aber nicht schnell zu realisieren war, gaben die Mercedes-Männer auf. ▷

Signale zum Himmel

Mit gigantischem Aufwand prüfte Mercedes seine Rallye-Kampfwagen, bevor sie ins Gefecht geschickt wurden. Kräfte, die auf das strapazierte Mobil einwirkten, wurden mit Sensoren und diffizilen Meßsystemen aufgezeichnet und per Funk auf Computer übertragen. Die sensiblen Aufzeichnungs-Instrumente wurden im Hubschrauber über dem Rallye-Auto befördert — auf dem Boden waren die Erschütterungen zu stark. ▷

Mit geradezu dramatischen Bildern berichtete die Motorpresse über die Erprobungen des Prototyps für den Rallyeeinsatz. Es wurde teurer Schrott produziert – um zu der Erkenntnis zu gelangen: Ein Serienwagen genügte den Anforderungen nicht.

Elektronische Daten-Fernübertragung über sämtliche Vorgänge im Motor, an der Kraftübertragung und beim Fahrwerk sollten Aufschluss darüber bringen, wie der Wagen zu optimieren wäre.

Dass der Rallye-Mercedes nicht vergebens entstanden war, macht die stolze Liste seiner Erfolge von 1977 bis 1980 deutlich, veröffentlicht in *auto, motor und sport*. Eine Fortführung der Aktivitäten wurde kurzfristig abgesagt …

Mercedes Rallye-Erfolge 1977 bis 1980

1977

Marathon London – Sydney
1. Cowan/Malkin/Broad, Mercedes 280 E
2. Fowkes/O'Gorman, Mercedes 280 E
6. Kling/Kaiser, Mercedes 280 E
7. Kleint/Klapproth, Mercedes 280 E

(sechs Mercedes am Start)

1978

Safari-Rallye (Kenia)
6. Zasada/Krupa, Mercedes 280 E

(vier Mercedes am Start)

Südamerika-Rallye
1. Cowan/Malkin, Mercedes 450 SLC
2. Zasada/Kaiser, Mercedes 450 SLC
3. Fowkes/Kaiser, Mercedes 280 E
4. Mäkinen/Todt, Mercedes 450 SLC
5. Kleint/Klapproth, Mercedes 280 E
9. Pfuhl/Kling, Mercedes 280 E
10. Nathan/Caballero, Mercedes 280 E

(acht Mercedes am Start)

1979

Safari-Rallye (Kenia)
2. Mikkola/Hertz, Mercedes 450 SLC
4. Cowan/Syer, Mercedes 280 E
6. Waldegaard/Thorszelius, Mercedes 450 SLC

(sechs Mercedes am Start)

Bandama-Rallye (Elfenbeinküste)
1. Mikkola/Hertz, Mercedes 450 SLC
2. Waldegaard/Thorszelius, Mercedes 450 SLC
3. Cowan/Kaiser, Mercedes 450 SLC
4. Preston/Doughty, Mercedes 450 SLC

(vier Mercedes am Start)

1980

Rallye-Portugal
4. Waldegaard/Thorszelius, Mercedes 450 SLC
5. Carlsson/Billstam, Mercedes 450 SLC

(zwei Mercedes am Start)

Safari-Rallye (Kenia)
3. Preston/Lyall, Mercedes 450 SLC
4. Cowan/Kaiser, Mercedes 450 SLC
10. Waldegaard/Thorszelius, Mercedes 450 SLC
14. Singh/Stevenson, Mercedes 450 SLC

(fünf Mercedes am Start)

Akropolis-Rallye (Griechenland)
14. Preston/Doughty, Mercedes 450 SLC

(vier Mercedes am Start)

Rallye-Codazur (Argentinien)
2. Mikkola/Hertz, Mercedes 500 SLC

(vier Mercedes am Start)

Motogard-Rallye (Neuseeland)
3. Mikkola/Hertz, Mercedes 500 SLC
5. Waldegaard/Thorszelius, Mercedes 500 SLC

(vier Mercedes am Start)

Bandama-Rallye (Elfenbeinküste)
1. Waldegaard/Thorszelius, Mercedes 500 SLC
2. Recalde/Straimel, Mercedes 500 SLC
5. Preston/Billstam, Mercedes 500 SLC

(fünf Mercedes am Start)

Der Einsatz des Mercedes-Rallye-Teams in aller Welt war eine geschickte Marketing-Maßnahme, denn die Importeure wussten den spektakulären Auftritt der Fahrzeuge gut für ihre Kampagnen zu nutzen.

Nummer 107 bebt: Ganz spezielle Mercedes SL und SLC

Mercedes SL oder SLC, an die ein Karosseriebauer Hand angelegt hat, sind eine große Ausnahme. Was sollten sie auch tun? Das Cabriolet hatte bereits ein Hardtop, so sind den Umbaumöglichkeiten Grenzen gesetzt. Das Coupé zum Cabriolet umbauen? Das ergibt wenig Sinn, denn der SL existiert bereits. Es gibt ein paar grundlegende SL- und SLC-Umbauten zum Shooting Brake, aber sonst? Nun, darüber hinaus waren beide beliebte Objekte, teilweise eher Opfer, ambitionierter Tuningaktivitäten.

Das Prinzip des Shooting Brakes, also des sportlichen Kombis, wurde von einigen Karosseriebauern auf Basis der Baureihe 107 realisiert. Den SLC zur Grundlage nahm Crayford in England (eine kleine Serie mit Namen Condor von 1978), auf Basis des Roadsters baute Rappold in Wülfrath einen Shooting Brake mit Karosseriekomponenten vom BMW 02er Touring, und Harald Klostermann in Kamen realisierte den 500 SLKago. Das war ein 1980 entstandenes Einzelstück, das nach Hamburg verkauft wurde. Der SLKago war an Front und Heck umgestaltet und trug ein festes Dach. Klostermann ist mehr für seine Targa-Umbauten auf Basis des Opel Manta B bekannt. Mit dem SLKago wollte er einen GT der Spitzenklasse verwirklichen, ein weitgehend eigenständiges Fahrzeug mit wenigen Reminiszenzen an das Basisfahrzeug, aber der Qualität und dem Service desselben.

Andere bemerkenswerte Karosserieumbauten sind nicht bekannt, sehr wohl aber getunte 107er in allen Facetten, von hochseriös bis brachial und rabiat.

Bis Ende der 70er und Anfang der 80er Jahre ging es den Tunern darum, vorhandene Serienfahrzeuge zu verbessern respektive für den Sporteinsatz zu präparieren. Zum Jahrzehntwechsel wandelte sich das Bild völlig. Das 80er-Jahre-Tuning war eine Mode mit teilweise wüsten Auswüchsen, wobei die Optik klar vor der Technik rangierte, Individualismus um jeden Preis. Firmen schossen wie Pilze aus dem Boden, die mit allerlei Kunststoff-Formteilen nahezu jeden Fahrzeugtyp individualisierten. An die 100 Tuner gab es damals in Deutschland, die Autolackiererzunft erlebte eine Hochphase, denn all die Plastikwülste mussten lackiert werden. Danach, in den 90er Jahren, ebbte die Tuning-Welle wieder ab.

Der Mercedes-Wagen nahmen sich noch heute bekannte Firmen wie AMG, Lorinser und Brabus an, später folgten unzählige weniger bekannte »Spezialisten«. Manche sind noch im Geschäft, andere längst vergessen. Mit schärferen Nockenwellen und speziellen Abgasanlagen, größerem Hubraum und viel Feinschliff, später auch mittels Turbo- oder Bi-Turboaufladung bekamen die Motoren etliche Mehr-PS, und je professioneller die Motortuner arbeiteten, desto eher hatten sie richtiggehende Evolutionsstufen für spezielle Modelle im Angebot. Damit einher gingen Fahrwerksverbesserungen, vor allem leistungsfähigere Bremsen, Spezialstoßdämpfer und -federn für eine bessere Straßenlage sowie breitere Räder. Diese bedingten Kotflügelverbreiterungen, und damit hielt die Karosseriebaukunst im Tuning-Geschäft Einzug. Als dann noch erkannt wurde, dass die schnelleren und tiefer gelegten Wagen mit besserer Aerodynamik nicht nur noch schneller wurden, sondern auch eine bessere Fahrbahnhaftung erzielen konnten, kamen Spoiler en vogue. Plötzlich war das Tuning eine ganzheitliche Angelegenheit: Technik, Karosserie und Innenraum.

Derart wüst getunte Fahrzeuge sind heute, sofern sie überlebt haben, meist wieder in ihren Ursprungszustand zurückgebaut worden. Die Tuningmanie der 80er Jahre, deren Opfer auch der Mercedes SL wurde, existiert heute fast nur noch auf Fotopapier und zeitgenössischen Hochglanzprospekten.

(Text: Alexander Franc Storz).

Der 500 SLKago des Karosseriebauers Harald Klostermann, ein Grand Tourismo für zwei Personen mit der Fähigkeit, mehr als nur deren Handgepäck zu transportieren.

Schönes Kennzeichen aus Luxemburg: Mercedes 450 SLC 5.0 im AMG-Tuning in rustikaler Umgebung.

Die Kühlluftschlitze im Kotflügel lassen darauf schließen, dass es im Motorraum nicht serienmäßig zuging. Von AMG getunter 450 SLC 5.0 von 1979.

»Blackhawk« nannte AMG diesen tiefschwarzen 450 SLC von 1977, der, als er Mitte der 80er Jahre aufgenommen wurde, bereits erste Verfallserscheinungen aufwies.

Nochmals der »schwarze Falke«: Ein rundum böses Auto, und die Aluminiumkofferraumhaube zeigt rund um den Griff deutliche Korrosionsspuren.

Ganz arg schlimm, völlig geschmacklos, absolut stillos, und es gebe durchaus noch weitere negative Worte, um diesen schwangeren Elefanten zu charakterisieren. Solche Fahrzeuge standen in den 80er Jahren zu Hauf auf Gebrauchtwagenplätzen herum und fanden durchaus ihre Käufer. Die Autos waren Milieu pur, und sie blieben im Milieu.

Es geht auch stilvoller: 380 SL AMG.

Für mindestens einen Besitzer machte es offensichtlich doch Sinn: Vielleicht war der Eigentümer dieses SLC ja auf die zweite Sitzreihe des Coupés angewiesen und wollte trotzdem seinen Traum vom offenen 107er verwirklichen. Jedenfalls wurde dieser SLC Anfang der 90er Jahre zum Cabriolet umgebaut …

Devotionalien: Mercedes SL und SLC für die Vitrine

Ein Kind der 70er Jahre ist der Mercedes der Baureihe 107. Es war das letzte Jahrzehnt der klassischen Spielzeugautos, das Jahrzehnt des Markensterbens. Doch weil er, wie jeder SL, ein ungemein populärer Wagen war, widmeten so manche Hersteller dem rassigen Mercedes eine Miniatur. Es überwogen SL vor SLC.
Die klassischen, schönen Spielzeugautos sind im Maßstab 1:43 gehalten, und fast alle SL haben ein nicht abnehmbares Hardtop. Der Grund dafür ist einfach: Wäre die Miniatur offen gewesen, hätten sich die Spielzeugautokonstrukteure mit dem Innenraum mehr Mühe geben müssen. In deutscher Nüchternheit präsentiert sich der SL mit Hardtop von Märklin mit nicht typspezifischen, schnell laufenden Rädern und allen Türen und Hauben zu öffnen. Aufwändiger und mit mehr Chrom versehen ist die Interpretation von Corgi Toys. Ein weiteres Metallmodell kam von Norev aus Frankreich, und dieses nahm sich Joal aus Spanien zum Vorbild für seinen SL, der, mit einer überdimensionierten Anhängerkupplung versehen, Wohnwagen oder Bootsanhänger zog. Tatsächlich offen gestaltete Luso Toys aus Portugal seinen 350 SL mit falscher Bodenplattenbeschriftung »SLC«, das abnehmbare Hardtop beinhaltet eine dem SLC-Seitenfenster nachempfundene Lamellenöffnung – der Konstrukteur konnte sich einfach nicht zwischen SL und SLC entscheiden. Der einzige zeitgenössische 1:43-SLC kam von Matchbox in England in der King-Size-Serie, ihn zum Vorbild nahm sich Nacoral aus Spanien bei seiner Interpretation. Daimler-Benz selbst setzte während der 70er Jahre bei seinen Industriemodellen auf den ungewöhnlichen Maßstab 1:36, der SL kam von NZG (= Nürnberger Zinnguss) mit vielen zu öffnenden Teilen. NZG modifizierte das ursprüngliche Modell analog zum Vorbild.
Im größeren Spielzeugmaßstab, 1:25, gab es einen SL von Polistil aus Italien und Nacoral aus Spanien, beide mit fest verankertem Hardtop, und der Nacoral besonders schwer, weil selbst die Chromteile und die Bodenplatte aus massivem Zinkspritzguss gefertigt sind. Dafür ist der Italiener filigraner gearbeitet. Aus ungewöhnlichem Material, nämlich Blech, ist der offene Kellermann-SL aus der CKO-Rollo-Serie mit Schwungradantrieb. Die Formen wurden revitalisiert, und heute wird das Modell von Kovap in Tschechien hergestellt. Im Riesen-Spielzeugmaßstab gibt es zwei Modelle, genauer gesagt deren drei. Josef Neuhierl in Fürth, der Hersteller der legendären Carrera-Bahn, machte einen traumhaft schönen 350 SL in 1:12, den es nicht nur mit Kabel-, sondern auch mit Funkfernsteuerung gab. Das war damals ganz neu und sehr teuer. Die Detaillierung ist hervorragend, der Gesamteindruck auch, das Plastik hochwertig, die Passgenauigkeit vorbildlich. Der orange durchgefärbte Kunststoff erhielt einen Klarlacküberzug. Lediglich die Farbe des Interieurs ist ein wenig danebengegangen: was beige sein sollte, wirkt gelb, was hellbraun sein sollte, geht ins Orangefarbene. Dafür ist die Innenraumdetaillierung superbe, sogar eingelegte, verchromte Instrumente. Das ist Formenbau vom Feinsten! Das zeitgenössische Preisschild für das funkferngesteuerte Modell besagt 59 D-Mark. Das war Anfang der 70er Jahre ein sündhaft teures Spielzeug und somit ein typisches Weihnachtsgeschenk. Kein Wunder, dass es nicht viele davon gibt. Eine Nummer kleiner, in 1:14, verwirklichte Schuco einen geschlossenen SL, ebenfalls mit Kabelfernlenkung oder Funkfernsteuerung. Nach dem Schuco-Konkurs wurde deren Formenbestand gefleddert. Die Gussform für den 350 SL ging an Kibi, das ist die griechische Spielzeugfirma Basileades. Dort wurde das Modell Ende der 70er, Anfang der 80er Jahre produziert.
Im H0-Maßstab gab es einen SL mit festem Hardtop von Wiking, zunächst mit aufgeklebtem Papier-Kühlergrill, später mit Plastikgrill als modelliertem Formteil. Eine maßstäblich kleinere Kopie des Wiking-Modells entschlüpfte in den 70ern dem Überraschungsei und ist made in Hongkong. Herpa miniaturisierte in 1:87 einen offenen SL.
Das traditionelle Buben-Spielzeugauto ist im Maßstab zirka 1:64 gehalten, einfache Metallautos mit schnell laufenden Rädern. Maßstäblich sind diese Modelle nicht einheitlich, weswegen landläufig von der »Matchbox-Größe« gesprochen wird. Beim Formenbau gaben sich die unterschiedlichen Hersteller unterschiedlich viel Mühe, qualitativ reicht die Palette bei den Spielzeugautos von »hässliche Kröte« bis «vorbildgetreue Nachbildung«. In diesem Segment gibt es folgende Modelle: Den SL mit Hardtop machten Zylmex, Playart, Yat Ming, Corgi Juniors, Edocar und Maisto; geöffnete SL kommen von Majorette, Schuco (sehr schön!) und Matchbox (auch mit geschlossenem Softtop). Einen SLC im Matchbox-Maßstab fertigten Buby, Guisval, Imperial Diecast und Faller Hit Car.
Von den zeitgenössischen Miniaturen zu den aktuellen Modellautos, allesamt in China hergestellt. SL und SLC sind im Maßstab 1:43 von Minichamps in unterschiedlichen Farben und Formen erhältlich, Umsetzung, Detailtreue und Qualität sind erste Güte, an den Modellen gibt es nichts zu kritisieren. Der SLC ist auch in diversen Rallyevarianten erhältlich. Einen 450 SLC AMG Gruppe 2 aus Resine gibt es von Neo. Vier SL-Modelle bietet der Königsmaßstab 1:18, drei der ersten Generation und ein Gemopftes: Einen frühen SL machte CMC, heute ein Highend-Hersteller son-

dergleichen, doch der SL stammt aus der formenbauerischen Frühzeit. Er ist massiv und schwer, aber nicht unbedingt gut. Billige Modelle kommen von Sunstar und Chrono, beide sind bis auf Details baugleich und gehen auf dasselbe Urmodell zurück. Einen gemopften SL macht Norev. Hier sind die Proportionen am besten getroffen, Details und Verarbeitung stimmen, lediglich die Reifen sind etwas zu groß. Einen SLC in 1:18 hat Ricko im Angebot, auf Sunstar/Chrono-Niveau, ein billiges Modell, aber eben alternativlos. Wahrlich superb ist der 450 SLC AMG Gruppe 2 Mampe von Minichamps in 1:18, ein unübertreffliches Resine-Modell, das aber auch einen entsprechenden Preis hat.
(Text: Alexander Franc Storz)

Die Miniaturautos mit schnell laufenden Rädern bezeichnete Märklin in Göppingen als »rak-Modelle«. »rak« wollte Märklin als Abkürzung für »richtige Auto-Klasse« verstanden wissen.

Alles nur geklaut: Joal kupferte ab, wo es ging. Der 350 SL ist eine Norev-Kopie, der Wohnwagen ist ein Plagiat von Corgi Toys.

Mit viel Chrom adelte Corgi Toys seinen Mercedes 350 SL in 1:43. Das hellblaue Interieur wirkt arg spielzeughaft.

Portugiesischer SL: Der rote 350 SL ist ein frühes Luso-Toys-Modell. Es wurde Anfang der 80er Jahre modifiziert. Angegossene statt eingesetzte Chromteile, Heckspoiler und fette Schlappen machten aus dem 350 SL einen 500 SL.

Das rote Norev-Modell, aufgewertet mit Nachrüst-Leichtmetallfelgen, sowie ein froschgrünes Joal-Modell, dessen Konstrukteure sich von Norev inspirieren ließen.

Auf den ersten Blick eine ungewöhnliche Farbe und falsche Räder für das Modell von Matchbox King Size. Weit gefehlt. Das ist die spanische Kopie von Nacoral.

Das rotmetallicfarbene Modell ist das Matchbox-Original, flankiert von einem 450 SLC 5.0 Gruppe 2 billigster Machart von Burago in 1:43.

Das Highlight einer SL-Sammlung ist sicherlich der 350 SL von Carrera Structo im Maßstab 1:12. Aus damaliger Sicht ist er formenbauerisch perfekt.

Das offizielle Daimler-Benz-Industriemodell in 1:36 machte NZG, hier in der gemopften Version.

Wunderschöne Details am Carrera-Structo-Modell, nur beim Granulatmischen für die Innenraumfarbe hatten die Fürther ein unglückliches Händchen.

\m Blechspielzeug
ielt CKO-Kellermann
is in die 70er Jahre
est und war damit
ler letzte Mohikaner.
)as abgebildete
Aodell entstammt den
on Kovap aus
schechien wieder
elebten Formen.

wei 1:25-Modelle von Polistil
hinten) und Nacoral. Der Polistil
st filigran und trägt viel Plastik
ür ein Metallauto, der Nacoral
st plump, aber schwergewichtig.

Der letzte Schrei in den frühen 70ern: Schuco 350 SL in 1:14 mit Digital-Funkfernsteuerung. Der Schachteltext verweist darauf, dass man die Funkfernsteuerung neuerdings nicht mehr bei der Deutschen Bundespost anmelden muss.

Modell	300 SL (R 107 E 30/041	420 SL (R 107 E 42/047)	500 SL (R 107 E 50/046)	560 SL (R 107 E 56/048)
Produktionszeitraum	8/85-8/89	9/85-8/89	4/80-8/89	9/85-8/89
Motor	Reihen-Sechszylinder	V8	V8	V8
Bohrung x Hub; Hubraum	88,5 x 80,25 mm; 2962 ccm	92 x 78,95 mm; 4196 ccm	96,5 x 85 mm; 4973 ccm	96,5 x 94,8 mm; 5547 ccm
Leistung	188 PS/5700 (Kat: 180)	218 PS/5200 (Kat: 204)	245 PS/4750	230 PS/4800 (Katalysator)
Verdichtung	9,2 : 1	9,0 : 1	9,0 : 1	9,0 : 1
Ventile, Steuerung	1 ohc	2 x 1 ohc	2 x 1 ohc	2 x 1 ohc
Kraftstoffzufuhr	Bosch KE III Jetronic	Bosch KE III Jetronic	Bosch KE III Jetronic	Bosch KE III Jetronic
Getriebe	mech. 5-Gang	Automatik	Automatik	Automatik
Lenkung	Kugelumlauf, Servo	Kugelumlauf, Servo	Kugelumlauf, Servo	Kugelumlauf, Servo
Bremsen	Vierrad-Scheiben	Vierrad-Scheiben und ABS	Vierrad-Scheiben und ABS	Vierrad-Scheiben und ABS
Bereifung	205/65 VR 15	205/65 VR 15	205/65 VR 15	205/65 VR 15
Radstand, Spur v/h	2460, 1462/1465 mm	2455, 1462/1465 mm	2455, 1462/1465 mm	2455, 1462/1465 mm
Gesamtabmessungen	4390 x 1790 x 1290 mm	4390 x 1790 x 1290 mm	4390 x 1790 x 1290 mm	4580 x 1790 x 1290 mm
Höchstgeschwindigkeit	203 km/h	212 km/h	225 km/h	221 km/h
Anmerkungen				nur für USA, Japan, Australien

Modell	350 SLC (C 107 E 35)	450 SLC (C 107 E 45)	280 SLC (C 107 E 28)	450 SLC 5.0 (C 107 E 50)	380 SLC (C 107 E 38)	500 SLC (C 197 R 50)
Produktionszeitraum	2/72-3/80	7/72-10/80	8/74-9/81	5/78-3/80	3/80-9/81	3/80-9/81
Motor	V8	V8	Reihen-Sechszylinder	V8 Leichtmetall	V8 Leichtmetall	V8 Leichtmetall
Bohrung x Hub; Hubraum	92 x 65,8 mm; 3499 ccm	92 x 85 mm; 4520 ccm	86 x 78,8 mm; 2746 ccm	97 x 85 mm; 5025 ccm	92 x 71,8 mm; 3818 ccm	96,5 x 85 mm; 4973 ccm
Leistung	200 PS/5800	225 PS/5000	185 PS/6000	240 PS/5000	218 PS/5500	240 PS/4750
Verdichtung	9,5 : 1	8,8 : 1	9,0 : 1	8,8 : 1	9,0 : 1	8,8 : 1
Ventile, Steuerung	2 x 1ohc	2 x 1ohc	dohc	2 x 1ohc	2 x 1ohc	2 x 1ohc
Kraftstoffzufuhr	Bosch D-Jetronic	Bosch D-Jetronic	Bosch D-Jetronic	Bosch K-Jetronic	Bosch K-Jetronic	Bosch K-Jetronic
Getriebe	4- oder 5-Gang; Automatik	Automatik	4- oder 5-Gang; Automatik	Automatik	Automatik	Automatik
Lenkung	Kugelumlauf, Servo	Kugelumlauf, Servo	Kugelumlauf, Servo wahlweise	Zahnstangen-Segment-Lenkg.	Zahnstangen-Segment-Lenkg.	Zahnstangen-Segment-Lenkg.
Bremsen	Vierrad-Scheiben	Vierrad-Scheiben	Vierrad-Scheiben	Vierrad-Scheiben	Vierrad-Scheiben	Vierrad-Scheiben
Bereifung	205/70 VR 15	205/70 VR 15	195/70 HR 15	205/70 VR 15	205/70 VR 15	205/70 VR 15
Radstand, Spur v/h	2815, 1452/1440 mm	2815, 1452/1440 mm	2815, 1452/1440 mm	2815, 1452/1440 mm	2815, 1452/1440 mm	2815, 1452/1440 mm
Gesamtabmessungen	4750 x 1790 x 1330 mm	4750 x 1790 x 1330 mm	4750 x 1790 x 1330 mm	4750 x 1790 x 1330 mm	4750 x 1790 x 1330 mm	4750 x 1790 x 1330 mm
Höchstgeschwindigkeit	210 km/h	215 km/h	200 km/h	230 km/h	220 km/h	230 km/h
Anmerkungen	ab 7/76: 195 PS	ab 11/75: 217 PS	ab 12/75: 177 PS			

PRODUKTIONSZAHLEN

R 107 SL	Typen
	Sechszylinder
280 SL (ab 8/74)	25.436
300 SL (ab 8/85)	13.443
insgesamt	**38.879**
	Achtzylinder
350 SL	15.304
380 SL (ab 3/80)	53.200
420 SL (ab 9/85)	2.147
450 SL	66.298
500 SL (ab 4/80)	11.817
560 SL (ab 9/85)	49.641
insgesamt	**198.407**
Absatzmärkte	
Inland	**45.973**
Export	
USA	156.440
Rechtslenker	15.123
CKD	456
Sonstge	19.294
Export insgesamt	**191.313**
SL insgesamt	237.286

R 107 SLC	Typen
	Sechszylinder
280 SLC	**10.667**
	Achtzylinder
350 SLC	13.924
380 SLC (ab 3/80)	3.789
450 SLC	31.739
450 SLC 5.0 und 500 SLC (ab 3/80)	2.769
SLC insgesamt	**52.221**
Absatzmärkte	
Inland	**23.593**
Export	
USA	18.091
Rechtslenker	5.865
CKD	1.422
Sonstige	13.917
Export insgesamt	**39.295**
SLC insgesamt	62.888

Was der R/C 107 kostete

Der SLC war stets teurer als der SL, und zwar zu Anfang um die beachtliche Differenz von jeweils 3700, am Ende 7000 Mark. Mit DM 33.689,- war der 350 SL in der Grundversion 1972 ohnehin ein teures Auto; Ende 1979 kostete er sogar mehr als 50.000 Mark. Mit gut 5000 Mark mehr stand der 450 SL in der Preisliste, und um weitere 10.000 Mark teurer war der 500 SL, der damit mehr als DM 70.000.- kostete – ein Betrag, der sich noch aufstocken ließ, wenn man eine Reihe Optionen orderte. Allerdings wies der 5.0 serienmäßig eine Menge auf, die bei den anderen Modellen extra bezahlt werden mussten.

So wurden fürs ABS 2430 DM verlangt, für die Getriebeautomatik DM 2034,- (Serie beim 500er), für eine Klimaanlage sogar DM 3154,-. Ein Satz Alufelgen schlug mit 1237 Mark zu Buche, Sitze in Lederausführung 1356 Mark. Ließ man die Ablage hinter den Sitzen des SL zu einem Notsitz auspolstern, kostete das weitere 1200 Mark. Für elektrische Fensterheber – die nur beim 500 SL/SLC zum Standard gehörten – zahlte man DM 701,-, für eine Scheinwerfer-Wisch/Waschanlage DM 486,-, für Zentralverriegelung der Türen DM 350,- (beim 500 SL war sie im Preis inbegriffen), und wärmehemmende Verglasung kostete DM 384,-. Im Basispreis aller Modelle einbegriffen waren Rückfahrscheinwerfer, Nebelschlussleuchte und H4-Scheinwerfer. Ein Hardtop für die Roadster wurde mit 1900 Mark berechnet. Echte Konkurrenten hatte der SLC kaum; ihm kamen allenfalls der Porsche 928 oder der BMW 635 CSi nahe.

Verabschiedung des letzten SL, der am 26. Juli 1989 vom Band lief.

WEITERE BÜCHER ZUM THEMA

Michael Allner dokumentiert die Geschichte der drei SLK-Generationen, angefangen bei den Showcars aus dem Jahr 1994 bis hin zur Produktionseinstellung. Ein wahres Standardwerk zur meistverkauften Roadster-Baureihe von Mercedes-Benz!
264 Seiten, 230x265 mm, 330 Abb.
ISBN 978-3-613-04367-1
€ 39,90 | € (A) 41,10

W 123 - der vielleicht beste Mercedes, der je gebaut wurde und bis heute das ideale Beispiel für »schwäbische Wertarbeit«. Alle Varianten, alle Facetten. Auf diesen Stern konnten wir vertrauen, wie Alexander F. Storz in diesem Band mit Sachkunde und Liebe zum Detail beweist.
144 Seiten, 210x280 mm, 200 Abb.
ISBN 978-3-613-04370-1
€ 19,95 | € (A) 20,60

1989 löste der SL der Baureihe R 129 seinen fast 20 Jahre lang gebauten Vorgänger R 107 ab. Michael Allner erzählt hier die Geschichte des R 129 von den Anfängen bis zu seinem letzten Baujahr 2001 und garniert sie mit vielen zeittypischen Fotos, Werbeprospekten und Plakaten.
96 Seiten, 240x220 mm, 115 Abb.
ISBN 978-3-163-04101-1
€ 12,95 | € (A) 13,40

Als der Strichacht 1968 erschien, kannte ihn schon bald jedes Kind: Mit knapp zwei Millionen wurden von den Vier- und Sechszylinder-Baureihen so viele Fahrzeuge gebaut wie von allen vorangegangenen Mercedes-Nachkriegsbaureihen zusammen. Mit diesem Band präsentiert Alexander F. Storz nun die umfassende Chronik des Millionensellers.
160 Seiten, 210x280 mm, 220 Abb.
ISBN 978-3-613-04488-3
€ 19,95 | € (A) 20,60

Leseproben zu allen Titeln auf unserer Internetseite

Motor buch Verlag

Stand Februar 2024
Änderungen in Preis und Lieferfähigkeit vorbehalten.

Überall, wo es Bücher gibt, oder unter
WWW.MOTORBUCH-VERSAND.DE
Service-Hotline: 0711 / 78 99 21 51
www.facebook.com/MotorbuchVerlag